U0342015

高职高专计算机系列规划教材

大学计算机信息技术
实训操作教程

第三版

主　编　王晓娟　　时　洋
编　者　胡　磊　　薛　巍　　印元军　　王晓娟
　　　　时　洋　　蔡志锋　　孙　利　　曹宏坚
　　　　余爱华　　茹志鹃　　薛　进　　任丽君
　　　　钱　谦　　黄　金

南京大学出版社

图书在版编目(CIP)数据

大学计算机信息技术实训操作教程 / 王晓娟，时洋
主编. — 3 版. — 南京：南京大学出版社，2018.8
ISBN 978 - 7 - 305 - 20783 - 9

Ⅰ. ①大… Ⅱ. ①王… ②时… Ⅲ. ①电子计算机—
高等职业教育—教材 Ⅳ. ①TP3

中国版本图书馆 CIP 数据核字(2018)第 181074 号

出版发行　南京大学出版社
社　　址　南京市汉口路 22 号　　　　　邮　编　210093
出 版 人　金鑫荣

书　　名　**大学计算机信息技术实训操作教程(第 3 版)**
主　　编　王晓娟　时　洋
责任编辑　王南雁　　　　　　　　编辑热线　025 - 83593923

照　　排　南京南琳图文制作有限公司
印　　刷　盐城市华光印刷厂
开　　本　787×1092　1/16　印张 19.75　字数 480 千
版　　次　2018 年 8 月第 3 版　2018 年 8 月第 1 次印刷
ISBN 978 - 7 - 305 - 20783 - 9
定　　价　36.00 元

网址：http://www.njupco.com
官方微博：http://weibo.com/njupco
官方微信号：njupress
销售咨询热线：(025) 83594756

前　言

随着计算机科学和信息技术的飞速发展以及计算机的普及教育,国内高校的计算机基础教育已步入了新的台阶。各专业对学生的计算机应用能力提出了更高的要求,学生不仅需要拥有坚实的信息技术理论知识,还应具备熟练运用现代信息技术的基本技能。通过办公软件提高效率可以让自己在学习、生活和工作中处于领先地位。Microsoft 公司推出的 Office 2010 办公套装软件以其强大的功能、体贴入微的设计、方便的使用方法而深受用户的欢迎。Office 2010 套件中的 Word 软件可以进行文档编辑、排版与处理,Excel 软件可以对表格数据进行统计与汇总,PowerPoint 软件可以制作精美的演示文稿等。

本书是根据江苏省高等学校计算机等级考试指导委员会印发的《江苏省高等学校计算机等级考试大纲(2015 年修订)》,为非计算机专业学生计算机实验课程而编写的。从实际教学需求和办公应用的角度出发,本书采用案例讲解和同步练习的方式进行知识点介绍,合理安排知识结构,从零开始、由浅入深、循序渐进地讲解 Office 2010 的基本知识和使用方法。本书共分 5 章,主要内容如下:

第 1 章介绍了 Windows 7 基本操作,重点介绍了文件和文件夹的管理、控制面板相应功能的设置;

第 2 章介绍了网络基本应用,重点介绍了家庭网络设置与连接、网络工具的应用等;

第 3 章介绍了 Word 2010 文档格式化、图文混排、表格及文档高级应用技术等;

第 4 章介绍了 Excel 2010 数据表的编辑与格式化、数据公式与函数的计算、统计与分析等应用;

第 5 章介绍了 PowerPoint 2010 演示文稿的制作方法,幻灯片版式、模板、背景、配色方案、母板的应用与修改,并介绍了通过动画效果丰富演示文稿等应用。

本书按照"案例示范＋同步练习"的教学模式编写,以知识点讲解为基础,以实战演练为练习,配套知识点同步练习的方法,从而达到"老师易教,学生易学"的目的。内容结构的分配方式方便学习和教学,操作步骤简明清晰,同步练习内容丰富,对有一定基础的同学,可直接进行同步练习,强调培养学生的动手能力和独立思考问题的能力。本书内容丰富,章节结构清晰,并细化了每一章的内容,符合教学需要和计算机爱好者的学习习惯。在难以理解和掌握的部分内容上给出相关提示,让读者能够快速地提高操作技能。该教材中每一个实验都有明确的实验目的、实验要点和实验操作步骤,充分体现了任务驱动的教学思想,能够最大限度地提高学生的计算机基本操作能力,并为学习其他课程打下良好基础。

　　本书图文并茂,条例清晰,通俗易懂,内容丰富,在讲解每个知识点时都配有相应的实战演练环节,方便读者实践。在各章的开始处,列出了学习目标、本章知识点和重点与难点,便于学生提纲挈领地掌握各章知识点。针对上机实验的特点,为提高实验学习效率,方便广大教师合理配置实验环境,编者将实验中涉及的所有源文件给予共享。

　　本书是适合于大中专院校、职业院校及各类社会培训学校的优秀教材,也可作为计算机爱好者学习计算机知识的自学参考书。同时,本书也是"大学计算机信息技术"课程的实训配套教材,可作为参加江苏省普通高等院校非计算机专业计算机应用能力等级考试(一级B)的辅导书。

　　本书由正德职业技术学院王晓娟和时洋策划主编,同时,印元军、薛巍、肖娟、胡磊、金翠芹、钱谦、蔡志锋、蒋磊、孙利、余爱华、茹志鹃、薛进、任丽君等老师参与了编写工作,感谢邵薇、姜晶晶、杨帆、张晏榕、肖雅、王小红、丁海群、王媛媛、张朝虎、刘海峰、王明等老师的帮助。限于本书的编写时间与编者水平,不当之处在所难免,敬请广大读者批评指正,我们的邮箱是 xjwang@foxmail.com。

目　录

第 **1** 章
Windows 7 操作系统

 学习目标

　　操作系统是用户与计算机之间沟通的桥梁，没有操作系统，用户就不能对计算机进行操作。所有应用软件都必须在操作系统的支持下才能使用，操作系统是应用软件的支撑平台。Windows 是 Microsoft 公司为 IBM PC 及其兼容机所设计的一种操作系统，也称"视窗操作系统"，Windows 操作系统以其直观的操作界面、强大的功能使众多的计算机用户能够方便、快捷地使用自己的计算机，为人们的工作和学习提供了很大的便利。

　　Windows 7 是 Microsoft 公司于 2009 年正式发布的操作系统，其核心为 Windows NT 6.1，采用 Windows NT/2000 的核心技术，运行可靠、稳定且速度快，尤其是在计算机安全性方面有更强的保障。根据用户的不同，中文版 Windows 7 可分为家庭版、专业版、企业版和旗舰版。本章主要介绍功能完善、应用广泛的中文 Windows 7 旗舰版的使用。

 本章知识点

1. 了解 Windows 7 的常用功能；
2. 掌握 Windows 7 的启动与退出；
3. 掌握设置操作系统工作环境的方法；
4. 理解 Windows 7 的窗口与对话框的区别，并能熟练操作窗口与对话框；
5. 掌握资源管理器的操作；
6. 熟练运用文档管理操作；
7. 掌握常用软硬件的安装与使用。

 重点与难点

1. Windows 7 操作系统的使用与维护；
2. PC 硬件和常用软件的安装与调试，网络、辅助存储器、显示器、键盘、打印机等常用外部设备的使用与维护；

3. 文件管理及操作。

案例一 设置工作环境

案例情境

王小明是一名应届大学毕业生,刚应聘到锦江酒店客户部当办公室文员,酒店分配了一台计算机供他工作使用。为了适应社会的发展,锦江酒店的计算机系统已经更新为Windows 7,王小明需要对自己使用的计算机进行工作环境设置,以便于自己操作,从而提高工作效率。

案例素材

无

任务 1　中文 Windows 7 的启动与退出

◆ **操作内容**

（1）Windows 7 的启动与退出。

（2）Windows 7 的桌面设置。

（3）Windows 7 的快捷键使用。

◆ **操作步骤**

（1）计算机启动

按下计算机的电源开关即可启动 Windows 7。计算机机箱的电源开关上通常有开关标志:⏻。计算机启动后,Windows 要求用户输入"用户名"和"密码",确定后,即进入 Windows 7 系统。进入 Windows 7 后,首先显示的用户界面如图 1-1 所示。

图 1-1　Windows 7 桌面

（2）切换用户

单击"开始"按钮，然后单击"关机"按钮右边的箭头 ，打开"退出系统"菜单，如图 1－2 所示。单击"切换用户"，或按 Ctrl＋Alt＋Delete 组合键，然后单击"切换用户"。Windows 显示系统用户，单击用户名，输入"密码"，确定后，即进入 Windows 7 系统。

> ▶ 提示：
>
> Windows 不会自动保存打开的文件，因此，确保在切换用户之前保存所有打开的文件。如果切换到其他用户并且该用户关闭了该计算机，则之前账户上打开的文件所做的所有未保存更改都将丢失。

图 1－2　"退出系统"菜单

（3）注销当前登录用户

单击"开始"按钮，然后单击"关机"按钮右边的箭头，打开"退出系统"菜单，如图 1－2 所示。单击"注销"，单击第（1）步登录的用户名，输入密码，再次登录。

（4）重新启动计算机

单击"开始"按钮，然后单击"关机"按钮右边的箭头，打开"退出系统"菜单，单击"重新启动"。

> ▶ 提示：
>
> 通常在计算机中安装了一些新的软件、硬件或者修改了某些系统设置后，为了使这些程序、设置或硬件生效，需要重新启动操作系统。

（5）让计算机进入睡眠（或休眠）状态

单击"开始"按钮，然后单击"关机"按钮右边的箭头，打开"退出系统"菜单，单击"睡眠"（或"休眠"），系统进入睡眠（或休眠）状态。

（6）唤醒睡眠（或休眠）状态的计算机

在大多数计算机上，可以按计算机电源按钮恢复工作状态。也有的计算机是通过按键盘上的任意键、单击鼠标来唤醒计算机。

> ▶ 提示：
>
> 有些电脑的键盘有 Sleep（休眠）键和 Wake up（唤醒）键。手提电脑可以通过打开便携式盖子来唤醒计算机。

（7）关闭计算机

单击"开始"按钮，然后单击"关机"按钮；或按计算机的电源按钮持续几秒钟。关闭计算

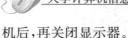

机后,再关闭显示器。

> ▶ **提示：**
>
> 　　关机时,计算机会关闭所有打开的程序以及 Windows 系统本身。关机不会保存用户的工作内容,所以确定关机前,必须首先保存文件。

◆ **知识点剖析**

1. 启动操作系统 Windows 7

按下计算机的电源开关即可启动 Windows 7。计算机启动后,Windows 会要求用户输入"用户名"和"密码",确定后,即进入 Windows 7 系统。进入 Windows 7 后,首先显示的用户界面如图 1－1 所示。该界面是用户操作所有应用程序的场所,即 Windows 操作系统的桌面。

2. 退出 Windows 7

退出 Windows 7 有几种方案供用户选择,包括关机、切换用户、注销、锁定、重新启动、睡眠和休眠七种方式。单击"开始"按钮,然后单击"关机"按钮右边的箭头,打开"退出系统"菜单,显示退出 Windows 的几种方式,如图 1－2 所示。

如果计算机上有多个用户,另一用户要登录该计算机,不关闭当前用户打开的操作系统,可使用"切换用户"。

注销操作会将正在使用的所有程序都关闭,但计算机不会关闭。如果别的用户只是短暂地使用计算机,适合选择"切换用户"。如果是第一个用户不使用计算机了,由其他用户使用,则使用"注销"。

"睡眠"是一种节能状态。当用户再次开始工作时,可使计算机快速恢复到之前的工作(通常在几秒钟之内)。

"休眠"是一种主要为手提电脑设计的电源节能状态。睡眠通常会将工作和设置保存在内存中并消耗少量的电量,而休眠则将打开的文档和程序保存到硬盘中,然后关闭计算机。在 Windows 系统使用的所有节能状态中,休眠使用的电量最少。

3. Windows 7 的桌面

启动 Windows 7 后,显示器出现的就是 Windows 的桌面,如图 1－1 所示。桌面上的一个个小图片称为图标,代表一个程序、文件夹、文件或其他的对象。安装好 Windows 7 后,第一次启动时,桌面上只有一个"回收站"图标。用户可以自己添加或删除桌面上的图标,也有一部分图标是安装应用软件时自动添加的。双击桌面上的图标可以打开相应的软件。

桌面上除了图标外还有"任务栏""边栏小工具"。"边栏小工具"位于桌面的右侧,如时钟等。"任务栏"通常位于桌面的最下方,如图 1－3 所示。任务栏主要由"开始"菜单按钮、快速启动工具栏、打开的程序窗口按钮和通知区域等几部分组成。

图 1－3　任务栏

"开始"菜单按钮:单击该按钮,打开"开始"菜单。在开始菜单中包括已安装在计算机中的所有应用程序和 Windows 7 自带的控制、管理、设置程序和其他应用程序。在"开始"菜单中用鼠标单击其中的项目可以启动所选择的对象,例如选择"所有程序"中的"Internet Explorer"项目单击可以启动 IE 浏览器。

4. 常用快捷键

除鼠标外,键盘也是一个重要的输入设备,主要用来输入文字符号和操作、控制计算机。在 Windows 7 中,所有操作都可用键盘来完成,且大部分常用菜单命令都有快捷键,利用这些快捷键可以让用户快速完成许多操作。常用快捷键及其功能如表 1-1 所示。

表 1-1　Windows 7 的常用快捷键

快捷键	功能
F1	显示当前程序或者 Windows 的帮助内容
F2	重新命名所选项目
F3	搜索文件或文件夹
F5	刷新
F10 或 Alt	激活当前程序的菜单栏
Esc	取消当前任务
Ctrl＋C	复制
Ctrl＋X	剪切
Ctrl＋V	粘贴
Ctrl＋Z	撤消
Ctrl＋A	选中全部内容
Ctrl＋N	新建一个文件
Ctrl＋O	打开"打开文件"对话框
Ctrl＋P	打开"打印"对话框
Ctrl＋S	保存当前操作的文件
Ctrl＋Esc	显示"开始"菜单
Ctrl＋Shift＋Esc	启动任务管理器
Delete	删除
Shift＋Delete	永久删除所选项,而不将它放到"回收站"中
Shift＋F10	打开所选对象的快捷菜单
Alt＋F4	关闭当前项目或者退出当前程序
Alt＋Tab	在打开任务之间切换
Alt＋Esc	以任务打开的顺序循环切换
Alt＋Space	显示当前窗口的控制菜单
Alt＋Enter	查看所选对象的属性
PrintScreen	将当前屏幕以图像方式拷贝到剪贴板
Alt＋PrintScreen	将当前活动程序窗口以图像方式拷贝到剪贴板
Shift＋Space	全角与半角切换
Ctrl＋Space	中英文输入切换
Ctrl＋Shift	各种输入法切换

任务2　中文 Windows 7 的基本操作

◆ **操作内容**

（1）桌面图标的设置。

（2）开始菜单和任务栏的使用。

（3）窗口及对话框的使用。

（4）菜单的使用。

◆ **操作步骤**

（1）排列桌面上的图标

在桌面无图标处右击鼠标，打开快捷菜单，鼠标移至"查看"，显示下一级菜单，如图1-4所示。单击选择"自动排列图标"，则桌面上的图标自动排列。再在桌面右击鼠标，打开快捷菜单，单击"排序方式"下的"修改日期"，则系统对桌面图标按修改日期重新排序，观察图标顺序变化。

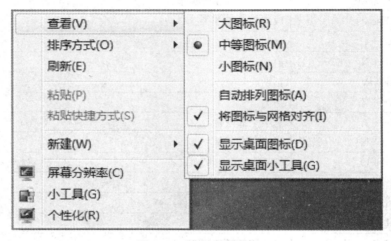

图1-4　排列桌面图标

（2）为"桌面小工具"建立桌面快捷图标

单击"开始"菜单，单击"所有程序"，在所有程序列表中找到"桌面小工具库"，右击此项，打开快捷菜单，选择"发送到"下级菜单中的"桌面快捷方式"，如图1-5所示，即在桌面上出现"桌面小工具"快捷图标。

（3）改变"计算机"窗口大小

双击桌面上的"计算机"图标，打开"计算机"窗口，如图1-6所示。观察该窗口的组成。单击窗口标题栏上的"最大化"按钮 ▢，将窗口最大化。窗口最大化按钮变为还原按钮 ▢。单击还原按钮，窗口恢复到最大化之前窗口的大小。单击"最小化"按钮 ▬，窗口缩为一个图标 ▦ 显示在任务栏上。单击任务栏上相应的图标，则重新显示该窗口。要调整窗口的高度，则鼠标指向窗口的上边框或下边框，当鼠标指针变为垂直的双箭头 ↕，单击边框，然后将边框向上或向下拖动。要调整窗口宽度，则鼠标指向窗口的左边框或右边框，

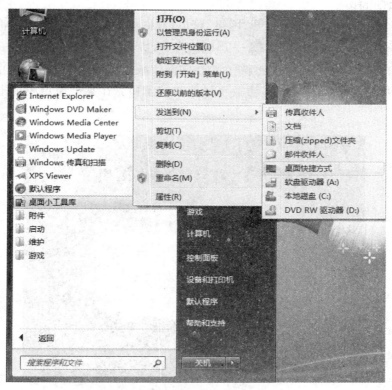

图 1-5　设置桌面快捷方式

当指针变为水平的双箭头↔时,单击边框,然后将边框向左或向右拖动。若要同时改变高度和宽度,则指向窗口的任何一个角,当指针变为斜向的双向箭头↘时,单击边框,然后向任一方向拖动边框。

图 1-6　"计算机"窗口

（4）窗口间的切换

双击桌面上的"网络"图标，打开"网络"窗口；双击桌面上的"回收站"图标，打开"回收站"窗口。按住 Windows 徽标键【＋Tab】组合键，进入三维窗口切换模式，如图1－7所示。按住 Windows 徽标键，按【Tab】键在窗口间向前循环切换，按【Shift＋Tab】组合键在窗口间向后循环切换。或松开按键，切换至最前面的窗口。在某个窗口中单击即切换至该窗口。

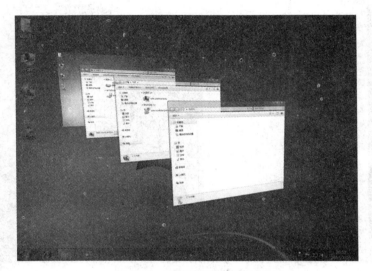

图1－7　三维窗口切换模式

（5）设置"开始"菜单

在任务栏上右击鼠标，打开快捷菜单，如图1－8所示。单击"属性"，打开"任务栏和'开始'菜单属性"对话框，单击"'开始'菜单"选项卡，如图1－9所示。单击"自定义"按钮，打开"自定义'开始'菜单"对话框，如图1－10所示。在此对话框下方"'开始'菜单大小"处，设置"要显示的最近打开过的程序的数目"为10，设置"要显示在跳转列表中的最近使用的项目数"为5。

图1－8　任务栏右键快捷菜单

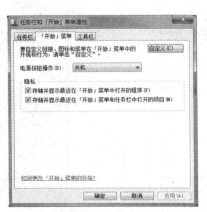

图1－9　"任务栏和'开始'菜单属性"对话框

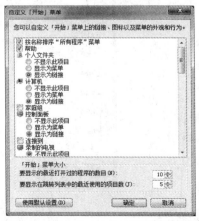

图1－10　"自定义'开始'菜单"对话框

（6）移动任务栏

在任务栏上右击鼠标，打开快捷菜单，取消选定"锁定任务栏"。将鼠标指针指向任务栏，然后按住左键将任务栏拖动到桌面的顶部，松开鼠标。

（7）设置"桌面"图标显示在任务栏的工具栏上

在任务栏上右击鼠标，打开快捷菜单，指向"工具栏"项，显示"工具栏"下一级菜单，如图 1-11 所示。单击"桌面"，"桌面"图标即显示在任务栏的工具栏上。

图 1-11　"工具栏"子菜单

（8）在任务栏的通知区域显示"音量"图标

在任务栏上右击鼠标，打开快捷菜单，如图 1-8 所示，单击"属性"项，打开"任务栏和'开始'菜单属性"对话框，如图 1-12 所示。在"任务栏"选项卡中的"通知区域"单击"自定义"按钮，打开"通知区域图标"设置窗口。在"音量"项的"行为"下拉框中选择"显示图标和通知"，如图 1-13 所示（注：这时"始终在任务栏上显示所有图标和通知"复选框未勾选）。单击"确定"按钮，通知区域即显示音量图标，如图 1-14 所示。

图 1-12　"任务栏"选项卡

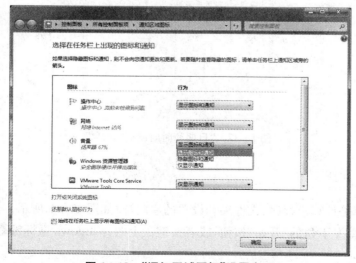

图 1-13　"通知区域图标"设置窗口

图 1-14　通知区域

（9）设置时间和日期

单击任务栏右侧的时间，打开时间和日期显示窗口，如图 1-15 所示。单击"更改日期和时间设置"文本，打开"日期和时间"对话框，如图 1-16 所示。单击"更改日期和时间"按钮，打开"日期和时间设置"对话框，如图 1-17 所示。在此对话框设置正确的时间和日期，单击"确定"按钮，完成设置。

图 1-15　显示日期和时间

图 1-16　"日期和时间"对话框

图 1-17　"日期和时间设置"对话框

◆ **知识点剖析**

1. 开始菜单

"开始"菜单是计算机程序、文件夹和设置的主门户，如图 1-18 所示。若要打开"开始"菜单，请单击屏幕左下角的"开始"按钮，或者按键盘上的 Windows 徽标键。

图 1 - 18　Windows 7 "开始" 菜单

　　"开始"菜单分为三个基本部分：（1）左边的大窗格显示计算机上程序的一个短列表。单击"所有程序"可显示程序的完整列表。（2）左边窗格的底部是搜索框，键入搜索项可在计算机上查找程序和文件。（3）右边窗格提供对常用文件夹、文件、设置和功能的访问。在这里还可注销 Windows 或关闭计算机。

　　从"开始"菜单启动程序："开始"菜单最常见的一个用途是启动计算机上安装的程序。在"开始"菜单左边窗格中单击显示的程序，就可以启动相应程序，并且"开始"菜单随之关闭。如果看不到所需的程序，可单击左边窗格底部的"所有程序"。左边窗格会立即按字母顺序显示程序的长列表，后跟一个文件夹列表。若要返回到刚打开"开始"菜单时看到的程序，可单击菜单底部的"返回"按钮。

　　搜索框：搜索框是在计算机上查找项目的最便捷方法之一。搜索框将遍历用户程序以及个人文件夹（包括"文档""图片""音乐""桌面"以及其他常见位置）中的所有文件夹。它还会搜索用户的电子邮件、已保存的即时消息、约会和联系人。若要使用搜索框，打开"开始"菜单，光标已定位在搜索框中，直接键入搜索项。键入之后，搜索结果将显示在"开始"菜单左边窗格中的搜索框上方。

　　右边窗格："开始"菜单的右边窗格中包含用户可能经常使用的部分 Windows 链接。从上到下有个人文件夹、文档、图片、音乐、游戏、计算机、控制面板、设备和打印机、默认程序、帮助和支持。

　　2. 桌面图标

　　在 Windows 操作系统中，可以为程序、文件、图片和其他项目添加或删除桌面图标。

　　添加到桌面的大多数图标是快捷方式，但也可以将文件或文件夹保存到桌面。如果删除快捷方式图标，系统不会删除快捷方式链接到的文件、程序和位置。可以通过图标上的箭头来识别快捷方式，如图 1 - 19 所示。

　　（1）为桌面添加图标：找到要为其创建快捷方式的项目，右

图 1 - 19　桌面快捷方式图标

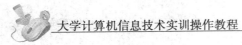
击该项目,单击"发送到",然后单击"桌面快捷方式",该快捷方式图标便出现在桌面上。

(2) 删除图标:右击桌面上的某个图标,单击"删除",打开"删除快捷键"对话框,然后单击"是"。如果系统提示输入管理员密码或进行确认,则键入该密码或提供确认。

(3) 添加或删除特殊的 Windows 桌面图标,包括"计算机"文件夹、用户个人文件夹、"网络"文件夹、"回收站"和"控制面板"的快捷方式。操作步骤如下:

① 在桌面空白处右击,打开快捷菜单,单击"个性化",显示"个性化"窗口,如图 1 - 20 所示。

图 1 - 20 "个性化"窗口

② 在左窗格中,单击"更改桌面图标",打开"桌面图标设置"对话框。

③ 在"桌面图标"选项中,选中要添加到桌面的图标的复选框,或清除要从桌面上删除的图标的选择,如图 1 - 21 所示。然后单击"确定"按钮。

图 1 - 21 "桌面图标设置"对话框

（4）隐藏桌面图标：如要临时隐藏所有桌面图标而不删除它们，请右击桌面上的空白部分，单击"查看"，然后单击"显示桌面图标"，将该选项复选标记清除。可以通过再次单击"显示桌面图标"来显示图标。

3. 窗口的使用

窗口是 Windows 操作系统最基本的操作界面，也是 Windows 操作系统的特点。每当打开程序、文件或文件夹时，它都会在屏幕上称为窗口的框或框架中显示。在 Windows 中应用程序、资源管理器等都是以窗口界面呈现在用户面前。

（1）窗口的组成

Windows 7 的窗口有许多种，虽然每个窗口的内容各不相同，但所有窗口都有一些共同点。窗口始终显示在桌面（屏幕的主要工作区域）上，大多数窗口都具有相同的基本部分，通常由标题栏、菜单栏、工具栏、工作栏、滚动条等几部分组成。图 1－22 为一个 Windows 窗口。

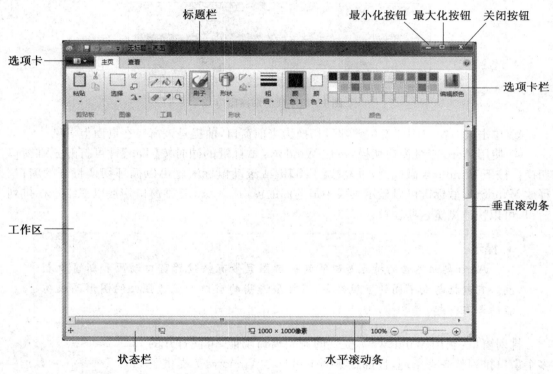

图 1－22　Windows 7 窗口

（2）窗口的基本操作

打开窗口：常用的方法有两种，一是双击相应窗口图标；二是右击相应窗口图标，在打开的快捷菜单中选择"打开"命令。

移动窗口：将鼠标指向窗口的标题栏，拖动窗口到目标位置然后释放鼠标，即可完成移动操作。

最大化、最小化和关闭窗口：单击标题栏上的窗口控制按钮，即可完成相应操作。

最小化按钮　：单击该按钮，窗口会缩成为 Windows 7 任务栏上的一个按钮。当再次使用该窗口时，单击任务栏上相应的按钮，窗口即恢复原来的位置和大小。

最大化按钮 ⊡：单击该按钮，窗口铺满整个桌面，此时，最大化按钮变成还原按钮 ⊡；单击还原按钮，窗口会变回原来的大小，还原按钮又变为最大化按钮。

关闭按钮 ✕：单击该按钮，可关闭窗口。关闭窗口会将其从桌面和任务栏中删除。

调整窗口：用户可根据需要随意改变窗口大小。当窗口处于最大化时，不能调整其大小和位置。

切换窗口：当用户在 Windows 7 中打开多个窗口时，可用下面几种方法在窗口间切换。

① 单击任务栏上相应窗口的按钮。该窗口将出现在所有其他窗口的前面，成为活动窗口。

② 按【Alt＋Tab】组合键，屏幕上会出现一个任务切换窗口，该窗口显示当前正在运行的所有程序图标，如图 1－23 所示。按住【Alt】键并重复按【Tab】键循环切换所有打开的窗口和桌面。释放【Alt】键可以显示所选的窗口。

图 1－23 任务切换窗口

③ 单击某一窗口中任意位置即可切换为当前窗口，前提是该窗口在桌面上可见。

④ 使用 Aero 三维窗口切换，按住 Windows 徽标键的同时按【Tab】键可打开三维窗口切换。按下 Windows 徽标键，重复按【Tab】键或滚动鼠标滚轮可以循环切换打开的窗口。释放 Windows 徽标键可以显示堆栈中最前面的窗口。Aero 三维窗口切换以三维堆栈排列窗口，可以快速浏览这些窗口。

> ▶ 提示：
>
> Aero 桌面体验的特点是透明的玻璃图案带有精致的窗口动画和新窗口颜色。它包括与众不同的直观样式，将轻型透明的窗口外观与强大的图形高级功能结合在一起。

排列窗口：利用 Windows 7 提供的排列窗口功能，可使打开的多个窗口排列整齐有条理，且都在桌面上可见。Windows 7 提供了三种排列窗口的方法："层叠窗口""堆叠显示窗口"和"并排显示窗口"。

设置排列窗口的操作方法：右击任务栏的空白位置处，弹出如图 1－24 所示的快捷菜单，选择任一种排列窗口方式，系统即按所选择方式排列当前打开的所有窗口。

图 1－24 设置排列窗口

4. 任务栏

任务栏是位于屏幕底部的水平长条。与桌面不同的是，桌面可以被打开的窗口覆盖，而任务栏几乎始终可见。它有三个主要部分："开始"按钮、中间部分和通知区域。

中间部分是用户使用最频繁的部分。无论何时打开程序、文件或文件夹，Windows 都会在任务栏上创建对应的按钮。通过单击这些按钮,可以在它们之间进行快速切换。

利用任务栏上的程序按钮,可查看所打开窗口的预览。将鼠标指针移向任务栏按钮时,会出现一个小图片,上面显示缩小版的相应窗口,如图 1 - 25 所示。此预览(也称为"缩略图")非常有用。如果其中一个窗口正在播放视频或动画,则会在预览中看到它正在播放。

图 1 - 25　任务栏上的预览

语言栏:用户单击此栏可以选择各种输入法,右击此栏可对语言栏进行相关设置。

通知区域:包括时钟以及一些告知特定程序和计算机设置状态的图标。双击通知区域中的图标通常会打开与其相关的程序或设置。例如,双击音量图标会打开音量控件,双击日期和时间会打开"日期和时间"对话框。

有时通知区域中的图标会显示小的弹出窗口(称为通知),向用户通知某些信息。例如,向计算机添加新的硬件设备之后(如插入 U 盘)可能会看到。

图 1 - 26　语言栏与通知区域

移动任务栏:任务栏通常位于桌面的底部,用户可以将其移动到桌面的两侧或顶部。指向任务栏上的空白空间,然后按住鼠标左键,并拖动任务栏到桌面的四个边缘之一。当任务栏出现在所需的位置时,松开鼠标左键。

任务栏锁定:右击任务栏上的空白空间,如果"锁定任务栏"旁边有复选标记,则任务栏已锁定。通过单击"锁定任务栏"可以解除或锁定任务栏锁定。

> ▶ **提示:**
>
> 移动任务栏之前,需要解除任务栏锁定。

5. 查看或设置时间和日期

设置正确的系统时间有利于系统的管理。设置或查看系统时间和日期,可在"控制面板"中的"时钟、语言和区域"项中设置,或单击任务栏右边的时钟。

任务 3　设置个性化的 Windows 7

◆ **操作内容**

(1) 主题、桌面背景及屏幕保护程序的设置。

（2）系统声音和电源的设置。

（3）调整显示器分辨率及字体大小。

（4）修改鼠标形状。

（5）添加、删除桌面小工具。

◆ **操作步骤**

（1）主题设置

在桌面空白部分右击鼠标，在打开的快捷菜单中选择"个性化"。系统打开"个性化"窗口，如图1-27所示。在右侧窗口"Aero主题"中单击选择"自然"，再单击右侧窗口下方的"桌面背景"选项，打开"桌面背景"窗口，如图1-28所示。在窗口下方，单击"更改图片时间间隔"下方的下拉列表框，从列表中单击"15分钟"，单击"保存修改"按钮，返回"个性化"窗口。

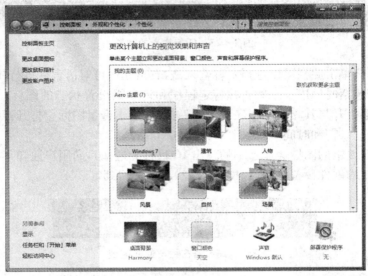

图1-27 "个性化"窗口

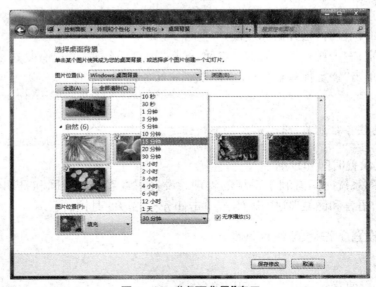

图1-28 "桌面背景"窗口

（2）设置屏幕保护程序

单击"个性化"窗口下方的"屏幕保护程序"选项，打开"屏幕保护程序设置"对话框，单击"屏幕保护程序"下方的下拉列表框，单击"三维文字"，如图 1－29 所示。单击"设置"按钮，打开"三维文字设置"对话框，在"自定义文字"框中输入"正德职业技术学院"，将"分辨率"滑钮拖动到"高"。在"动态"设置中的"旋转类型"选择"摇摆式"，"旋转速度"滑钮拖动到"快"，如图 1－30 所示。单击"选择字体"按钮，打开"字体"对话框，在"字体"列表中单击"楷体"，"字形"列表中选择"粗体"，如图 1－31 所示。单击"确定"，返回"三维文字设置"对话框。单击"确定"按钮，返回"个性化"窗口。

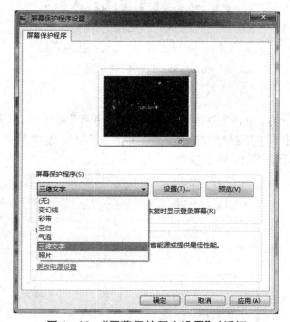

图 1－29　"屏幕保护程序设置"对话框

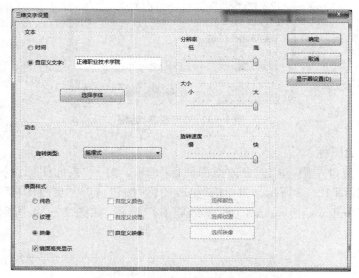

图 1－30　"三维文字设置"对话框

图 1 - 31 "字体"对话框

（3）设置声音

在"个性化"窗口下方，单击"声音"选项。打开"声音"对话框，显示"声音"选项卡。在"程序事件"列表中单击"打开程序"事件。在"声音"下拉列表中单击选择"Windows 气球.wav"，如图 1 - 32 所示。单击"确定"按钮。

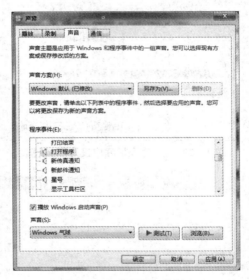

图 1 - 32 "声音"对话框

（4）更改桌面图标

在"个性化"窗口左侧，单击"更改桌面图标"选项。打开"桌面图标设置"对话框，单击"计算机"图标，如图 1 - 33 所示。再单击"更改图标"按钮，打开"更改图标"对话框，在图标列表中选择"\Windows\System32\imageres.dll"图标，如图 1 - 34 所示。单击"确定"按钮。

图 1-33　"桌面图标设置"对话框　　　　　图 1-34　"更改图标"对话框

（5）设置系统在待机 30 分钟后关闭显示器

在"个性化"窗口，单击窗口下方的"屏幕保护程序"选项，打开"屏幕保护程序设置"对话框，如图 1-29 所示。单击窗口下方的"更改电源设置"选项，打开"电源选项"窗口，如图 1-35 所示。在窗口左侧单击"选择关闭显示器的时间"选项，打开"编辑计划设置"窗口，如图 1-36 所示。在"关闭显示器"项右侧的下拉列表中单击"30 分钟"，单击"保存修改"按钮。关闭此窗口，即设置系统在待机 30 分钟后关闭显示器。关闭窗口，单击"确定"，再关闭"个性化"窗口。

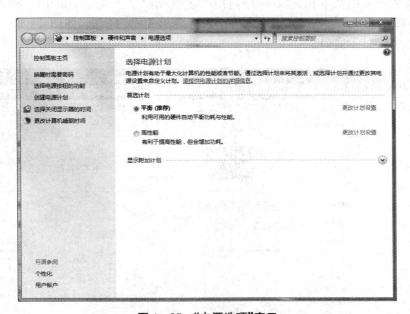

图 1-35　"电源选项"窗口

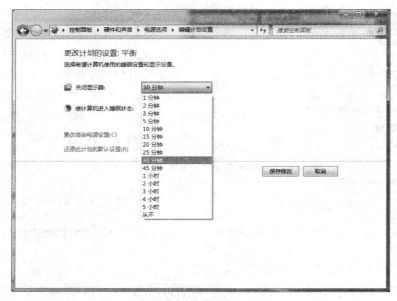

图 1-36 "编辑计划设置"窗口

(6) 设置显示分辨率

在桌面空白部分右击鼠标,打开快捷菜单,单击"屏幕分辨率",打开"显示分辨率"窗口。在"分辨率"项后的下拉列表中将分辨率调至 1 024×768,如图 1-37 所示。在当前窗口单击下方的"放大或缩小文本和其他项目",打开"显示"相关设置窗口,如图 1-38 所示。单击"中等(M)-125%"项,再单击"应用"按钮。系统弹出提示对话框,如图 1-39 所示。单击"稍后注销",关闭显示窗口。

图 1-37 "显示分辨率"窗口

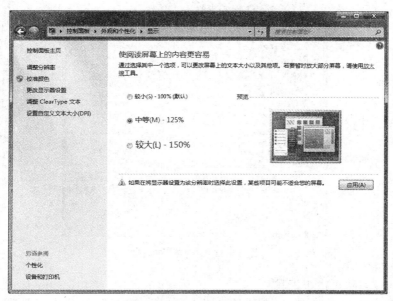

图 1 - 38　"调整文本大小"窗口

图 1 - 39　"注销提示"窗口

(7) 设置鼠标指针方案

在"个性化"窗口左侧,单击"更改鼠标指针"选项,打开"鼠标属性"对话框。在"方案"下列表中单击"Windows Aero(大)系统方案",如图 1 - 40 所示,即设置了鼠标指针方案。在"自定义"列表中单击"正常选择",然后单击下方的"浏览"按钮,打开"浏览"对话框。在文件列表框中单击"aero_arrow_xl. cur"文件,如图 1 - 41 所示。单击"打开"按钮,设置好"正常选择"指针。单击"确定"按钮,关闭"鼠标属性"对话框,返回"个性化"窗口。

图 1 - 40　"鼠标属性"对话框

图 1-41 "浏览"对话框

（8）添加或删除边栏小工具

在桌面空白处右击鼠标，打开快捷菜单，单击"小工具"，打开小工具列表窗口，如图 1-42 所示。在"日历"上右击，打开快捷菜单，单击"添加"；或直接将日历拖到桌面上，即在桌面的右侧显示"日历"工具。用同样方式添加"时钟"和"幻灯片放映"小工具，关闭窗口。在桌面上，鼠标指向"幻灯片放映"小工具，显示出菜单，如图 1-43 所示，单击"关闭"按钮，即将"幻灯片放映"小工具从边栏上删除。

图 1-42 小工具列表窗口

图 1-43 "幻灯片放映"小工具

◆ 知识点剖析

1. 主题

主题是计算机上的图片、颜色和声音的组合，它包括桌面背景、屏幕保护程序、窗口边框颜色和声音方案。某些主题也可能包括桌面图标和鼠标指针。主题设置是在"个性化"窗口中进行操作的。

Windows 7 提供了多个主题供用户选择：Aero 主题使计算机个性化；如果计算机运行缓慢，可以选择基本主题；如果希望屏幕更易于查看，可以选择高对比度主题。

打开"个性化"窗口,设置主题的方法有:在桌面上右击鼠标,打开快捷菜单,单击"个性化",打开"个性化"窗口。或单击"开始"菜单,单击"控制面板",打开"控制面板"窗口,单击"外观和个性化",再单击"个性化",打开"个性化"窗口。

主题设置包括了桌面背景、窗口颜色、声音和屏幕保护程序,如图1-44所示,位于"个性化"窗口的最下方。单击其中一项,即进入相关设置。

图1-44 各项主题设置

"声音"项可以更改接收电子邮件、启动 Windows 或关闭计算机时发出的声音。

"屏幕保护程序"项是在指定时间内没有使用鼠标或键盘时,出现在屏幕上的图片或动画。可以选择各种 Windows 屏幕保护程序。

2. 桌面背景

桌面背景(也称为"壁纸")是显示在桌面上的图片、颜色或图案。可以选择某个图片作为桌面背景,也可以以幻灯片形式显示图片。

在"个性化"窗口单击"桌面背景"选项,打开"桌面背景"设置窗口。在"图片位置(L)"可以选择背景图片的来源,在"图片位置(P)"下拉框中设置图片以"填充""平铺"或"居中"等方式显示,如图1-45所示。

图1-45 设置桌面背景图片

3. 系统声音

可以使计算机在发生某些事件时播放声音。事件可以是用户执行的操作,如登录到计算机,或计算机执行的操作,如在用户打开程序时发出声音。Windows 附带多种针对常见事件的声音方案,某些桌面主题也有它们自己的专属声音方案。

4. 显示器分辨率

屏幕分辨率指的是屏幕上显示的文本和图像的清晰度。分辨率越高(如 1 600 像素×1 200 像素),项目越清楚,同时屏幕上的项目越小。因此,屏幕可以容纳更多的项目。分辨率越低(如 800 像素×600 像素),在屏幕上显示的项目越少,但尺寸越大。LCD 显示器和手提电脑屏幕通常支持更高的分辨率。是否能够增加屏幕分辨率取决于显示器的大小和功能及视频卡的类型。

5. 鼠标设置

可以通过多种方式自定义鼠标。例如,可以交换鼠标按键的功能,更改鼠标指针形状,还可以更改鼠标滚轮的滚动速度等。

(1) 在桌面右击,打开快捷菜单,单击"个性化"。在"个性化"窗口左侧,单击"更改鼠标指针"打开"鼠标属性"对话框。或在"开始"菜单中单击"控制面板",单击"硬件和声音",单击"鼠标",也可打开"鼠标属性"对话框。

(2) 单击"鼠标键"选项卡,该选项卡如图 1-46 所示。

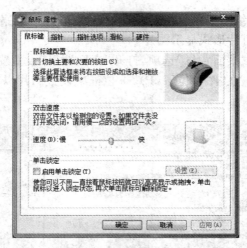

图 1-46 "鼠标键"选项卡

① 若要交换鼠标左右按钮的功能,在"鼠标键配置"下选中"切换主要和次要的按钮"复选框。

② 若要更改双击鼠标的速度,在"双击速度"下将"速度"滑块向"慢"或"快"方向移动。

③ 若要启用使用户可以不用一直按着鼠标按键就可以突出显示或拖拽项目的"单击锁定",则在"单击锁定"下,选中"启用单击锁定"复选框。

(3) 若要改变鼠标指针工作方式,则在"指针选项"选项卡中设置,如图 1-47 所示。若要改变鼠标滚轮工作方式,则在"滑轮"选项卡中设置,如图 1-48 所示。

图 1-47　"指针选项"选项卡

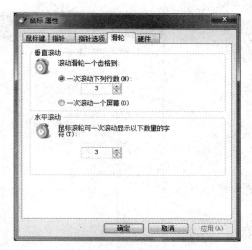

图 1-48　"滑轮"选项卡

6. 小工具

Windows 7 系统的高版本中包含有称为"小工具"的小程序,这些小程序可以提供即时信息以及轻松访问常用工具的途径。例如,可以在打开程序的旁边显示新闻标题。这样,用户可以在工作时跟踪发生的新闻事件,而无需停止当前工作就可以切换到新闻网站,这些小工具显示在桌面的右侧边栏区。

常用的小工具有时钟、幻灯片、源标题等。幻灯片会在用户的计算机上显示连续的图片幻灯片。源标题可以显示网站中经常更新的标题,该网站可以提供"源"(也称为 RSS 源、XML 源、综合内容或 Web 源)。网站经常使用源来分发新闻和博客。若要接收源,需要Internet 连接。默认情况下,源标题不会显示任何内容。

任务 4　创建新帐户

◆ 操作内容

(1) 打开控制面板。

(2) 创建和删除帐户。

(3) 更改帐户的密码、图片。

◆ 操作步骤

(1) 打开"控制面板"窗口

单击"开始"按钮,单击"控制面板"命令,打开"控制面板"窗口,如图 1-49 所示。

图1-49 "控制面板"窗口

（2）打开"创建新帐户"窗口

在"用户帐户和家庭安全"选项下单击"添加或删除用户帐户"，打开"管理帐户"窗口，如图1-50所示。单击"创建一个新帐户"选项，系统打开"创建新帐户"窗口，如图1-51所示。

图1-50 "管理帐户"窗口

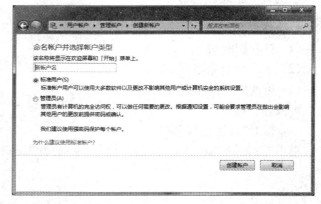

图1-51 "创建新帐户"窗口

（3）创建新帐户

在"新帐户名"名称框中输入"student"，单击选择"标准用户"，单击"创建帐户"按钮，即创建名为student的帐户，如图1-52所示。

图 1 - 52　创建新帐户成功

（4）设置密码

在"管理帐户"窗口单击 student 帐户，打开"更改帐户"窗口，如图 1-53 所示。单击"创建密码"选项，打开"创建密码"窗口，如图 1-54 所示。在"新密码"和"确认新密码"框中均输入密码"zdxy2015"，然后单击窗口下方的"创建密码"按钮，即创建密码完成。

图 1 - 53　"更改帐户"窗口

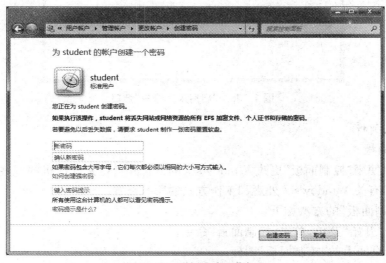

图 1 - 54　"创建密码"窗口

（5）更改帐户图片

在"更改帐户"窗口中单击"更改图片"选项。打开"选择图片"窗口，如图 1－55 所示。单击选择一张图片，然后单击"更改图片"按钮，返回"更改帐户"窗口。

图 1－55　"选择图片"窗口

（6）启用来宾访问帐户

在"更改帐户"窗口，单击"管理其他帐户"选项，打开"管理帐户"窗口。单击"Guest"帐户，打开"启用来宾访问"窗口，如图 1－56 所示。单击"启用"按钮，即启用来宾访问帐户 Guest。

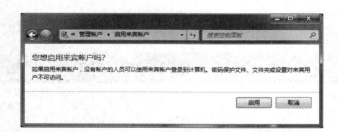

图 1－56　"启用来宾帐户"窗口

◆ **知识点剖析**

1. 控制面板

用户可以使用"控制面板"更改 Windows 7 的设置并自定义计算机的一些功能，这些设置几乎控制了有关 Windows 7 外观和工作方式的所有设置。

打开"控制面板"的方法如下：

（1）单击"开始"菜单，单击"控制面板"命令。

（2）双击桌面上的"控制面板"图标。

要设置或查看控制面板中的某一项,单击控制面板中的项目即可。

查找"控制面板"中的项目可选择下面的方法之一:

(1) 使用搜索。在搜索框中输入设置或要执行的单词或短语。

(2) 浏览。单击不同的类别(例如,系统和安全、程序或轻松访问),查看每个类别下列出的常用任务来浏览"控制面板"。控制面板有三种不同的查看方式:类别、大图标和小图标。单击控制面板窗口右侧的"查看方式"列表,可以选择查看方式。如图 1 - 57 和 1 - 58 所示,分别以"大图标""小图标"查看方式显示控制面板。

图 1 - 57　大图标查看方式

图 1 - 58　小图标查看方式

2. 用户帐户

用户帐户是通知 Windows 7 用户可以访问哪些文件和文件夹,可以对计算机和个人首选项进行哪些更改的信息集合。通过用户帐户,用户可以在拥有自己的文件和设置的情况下与多个人共享计算机。每个人都可以使用自己的用户名和密码访问其用户帐户。

Windows 7 有三种类型的帐户,每种类型为用户提供不同的计算机控制级别。

(1) 管理员帐户:可以对计算机进行最高级别的控制。

(2) 标准帐户:适用于日常计算机的使用。

（3）来宾帐户：主要针对需要临时使用计算机的用户。

> ▶ **提示：**
>
> 管理员用户有权限更改用户的帐户类型，建议大多数用户使用标准帐户。

3. 添加、删除或更改帐号

对已创建好的帐户，管理员 Administrator 类型的用户登录计算机后，可以添加或删除帐户，也可更改某个帐户的名称、创建或更改密码、帐户图标和帐户类型等。标准帐户可以更改帐户图标和密码，不可以更改帐户类型、删除和添加帐户。

添加和更改帐户的操作方法请见本任务操作步骤。

删除帐户的操作方法如下：

（1）以管理员类型帐户登录计算机。

（2）在"开始"菜单单击"控制面板"，打开"控制面板"窗口，如图 1 - 49 所示。

（3）在"用户帐户"窗口中的"用户帐户和家庭安全"选项下单击"添加或删除用户和帐户"，打开"管理帐户"窗口，如图 1 - 50 所示。

（4）单击要删除的用户。本例选择 student，打开"更改帐户"窗口，如图 1 - 53 所示。单击"删除帐户"选项，打开"删除帐户"窗口，如图 1 - 59 所示。单击"删除文件"，打开"确认删除"窗口，如图 1 - 60 所示。单击"删除帐户"，即完成删除帐户操作。

图 1 - 59　"删除帐户"窗口

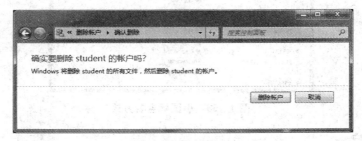

图 1 - 60　"确认删除"窗口

同步练习

1. 打开计算机。Windows 7 系统启动成功后，观察 Windows 7 桌面的组成。截图显示。

2. 切换用户。以另一用户登录正在使用的计算机，不关闭当前正在用的程序和文件。

截图显示。

3. 注销。注销当前登录用户,以第1步登录的用户再次登录。截图显示。

4. 重新启动计算机。文字说明。

5. 让计算机进入睡眠(或休眠)状态。文字说明。

6. 唤醒睡眠(或休眠)状态的计算机。文字说明。

7. 关闭计算机。文字说明。

8. 设置桌面上的图标自动排列,再按"修改日期"对桌面图标重新排序,观察图标顺序变化。截图显示。

9. 为"桌面小工具"建立桌面快捷方式。截图显示。

10. 打开"计算机"窗口,观察该窗口的组成,然后对该窗口进行最大化、最小化和还原操作,并通过边框调整此窗口的大小。截图显示。

11. 打开"网络"和"回收站"窗口。在打开的各窗口间切换。截图显示。

12. 设置"开始"菜单中显示最近打开过的程序数目为10,显示在跳转列表中的最近使用的项目数为5。截图显示。

13. 将任务栏移至桌面的顶部。截图显示。

14. 设置"桌面"图标显示在任务栏的工具栏上。截图显示。

15. 在任务栏的通知区域显示"音量"图标。截图显示。

16. 将系统时间改为当前正确的时间。截图显示。

17. 设置 Windows 桌面主题为 Aero 主题中的"自然"。设置背景图片更换时间间隔为15分钟。截图显示。

18. 设置屏幕保护为"三维文字",文本为"正德职业技术学院",楷体、粗体、高分辨率、摇摆式快速旋转。截图显示。

19. 将桌面的"计算机"图标改为"imageres. d11"。截图显示。

20. 设置在 Windows 系统打开程序时的声音为"Windows 气球. wav"。截图显示。

21. 设置系统在待机30分钟后关闭显示器。截图显示。

22. 设置显示器的分辨率为 1 024×768。设置桌面上的文本以中等(M)-125％显示。截图显示。

23. 设置鼠标指针方案为"Windows Aero(大)系统方案"。设置正常选择时的鼠标指针为"aero_arrow_xl. cur"。截图显示。

24. 在桌面边栏上添加"时钟""日历"和"幻灯片"小工具。再将"幻灯片"小工具从边栏上删除。截图显示。

25. 在 Windows 7 系统中,创建一个名为"student"的帐户的标准用户,密码为"zdxy2015",并更改其图片。截图显示。

26. 启用 Guest 来宾访问帐户。截图显示。

案例二　管理计算机资源

案例情境

王小明在完成了对计算机工作环境的设置之后,逐渐熟悉了 Windows 7 操作系统的基本功能,在接下来的工作中,王小明要使用 Windows 7 管理计算机的文件、文件夹、程序、磁盘等软、硬件资源,并为计算机添加打印机。

案例素材

setup2013.exe

任务 1　利用资源管理器管理文件和文件夹

◆ 操作内容

(1) Windows 7 资源管理器的启动。

(2) Windows 7 文件和文件夹。

(3) 查看和设置文件和文件夹的属性。

(4) 文件或文件夹的选择、复制、移动和删除。

(5) 计算机与库的使用。

(6) 搜索文件。

◆ 操作步骤

(1) 启动资源管理器浏览库中的图片

右击 Windows 7 的"开始"菜单按钮,打开快捷菜单,如图 1-61 所示。单击"打开 Windows 资源管理器"命令,打开资源管理器窗口,如图 1-62 所示。在窗口左侧的导航窗格中单击"库"下方的"图片"。在右侧窗口中双击"示例图片",即在右侧窗格中显示该文件夹中的图片文件,如图 1-63 所示。单击工具栏上的视图按钮 ▣ ,可以在各种视图方式间切换;也可以单击其右侧的箭头 ▾ ,打开视图列表菜单,如图 1-64 所示,拖动左侧的滑动钮调至合适的视图方式。

图 1-61　右击"开始"按钮快捷菜单

图 1－62 "Windows 资源管理器"窗口

图 1－63 示例图片(以大图标显示)

图 1－64 视图方式菜单

（2）排序示例图片

在 Windows 资源管理器的工具栏上，单击视图按钮右侧的箭头。在视图列表中单击"详细信息"，这时窗口如图 1-65 所示。分别在右侧窗格的列标题"名称""日期""大小""分级""类型""创建日期""尺寸"上单击，可按单击项对文件进行排序（升序或降序）。再次在相同项上单击，则改变排序方式，由升序变为降序，或由降序变为升序。

图 1-65　详细信息方式显示文件

（3）定位至 C 盘

在资源管理器窗口左侧的"导航窗格"中单击"计算机"，右侧窗格中显示"计算机"文件夹内容，如图 1-66 所示。在右侧窗格中单击"本地磁盘（C:）"，即在当前窗口下方显示磁盘 C 的相关信息，如图 1-67 所示。

图 1-66　"计算机"文件夹

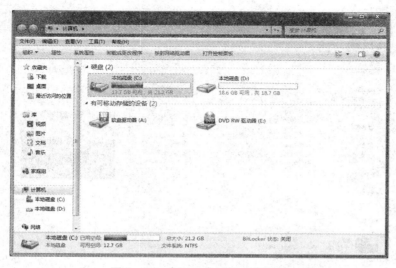

图 1 - 67　窗口下方显示 C 盘信息

（4）设置资源管理器中的文件夹选项

在资源管理器窗口中的"工具"菜单中单击"文件夹选项"，打开"文件夹选项"对话框，单击"查看"选项卡。在"高级设置"列表中选择"显示隐藏的文件、文件夹和驱动器"，并取消勾选"隐藏已知文件类型的扩展名"，如图 1 - 68 所示。单击"确定"按钮。

图 1 - 68　"查看"选项卡

（5）设置在资源管理器窗口显示"预览窗格"

单击资源管理器工具栏右侧的"预览窗格"按钮，即显示预览窗格。这时在窗口中单击某些文件，可在预览窗格中看到文件的缩览图，如图 1 - 69 所示。

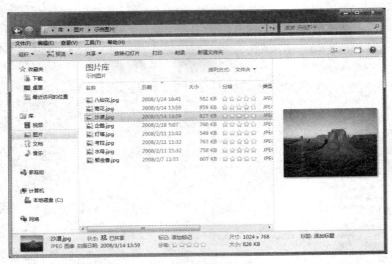

图 1-69　显示预览窗格

（6）建立文件夹

在资源管理器的导航窗格中单击 D 盘,进入 D 盘根文件夹。在"工具栏"上单击"新建文件夹"按钮,建立一个名为"新建文件夹"的文件夹,输入点定位到文件名称框中,直接输入文件夹名"我的练习"。用同样方法建立"我的图片"文件夹。双击"我的练习"文件夹,进入该文件夹,在空白处右击鼠标,打开快捷菜单,鼠标移至"新建"选项,显示下一级菜单,如图1-70 所示。单击"文件夹",建立新文件夹,并输入名称"我的文档"。用同样方法在"我的练习"文件夹再建立"其他文件"文件夹。

图 1-70　"新建"快捷菜单

（7）建立"练习.txt"文本文件并设置其属性

在"我的练习"文件夹列表空白处右击鼠标,打开快捷菜单,鼠标移至"新建"选项,显示下一级菜单,如图 1-70 所示。单击"文本文档",即创建一个新建文本文档文件,直接输入文件名"练习",扩展名为.txt,这时资源管理器窗口如图 1-71 所示。右击"练习.txt"文件,单击"属性",打开"练习.txt 属性"对话框。单击勾选"只读"复选框,如图 1-72 所示,单击"确定"按钮。

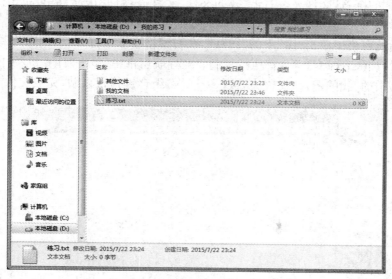

图 1 – 71 "我的练习"文件夹窗口

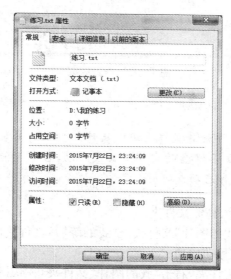

图 1 – 72 "练习.txt 属性"对话框

▶ 提示：

　文件的扩展名说明文件的类型，用户不能随意改变文件的扩展名，否则文件不能正常打开。

（8）搜索并复制文件

在"资源管理器"的导航窗格中单击"计算机"下的 C 盘，然后在搜索框中输入"WinRAR.chm"，按【Enter】回车键，系统在 C 盘搜索所有符合条件的文件，结果如图 1 – 73 所示。右击搜索结果，单击"复制"。在左侧导航窗格中单击"计算机"，单击 D 盘，在右窗格中双击打开"我的练习"文件夹。右击"我的文档"文件夹,打开快捷菜单,单击"粘贴",即复制成功。

在左侧导航窗格中单击"库"下的"图片",在右窗格中双击打开"示例图片"文件夹,选择三个图片文件,按【Ctrl+C】组合键执行复制。在导航窗格中,单击"计算机"下的 D 盘,双击打开右侧窗格中的"我的图片"文件夹,按【Ctrl+V】组合键执行粘贴,完成文件复制。

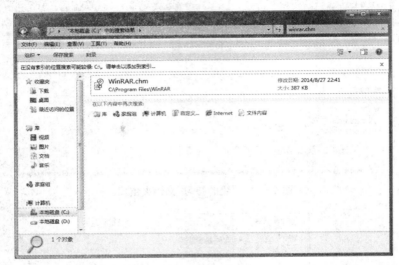

图 1-73 搜索结果

> ▶ 提示:
> 计算机 C 盘一般存放着操作系统以及计算机上所安装的应用程序的相关文件,请用户不要随意将 C 盘的文件删除或移动,否则可能会使计算机操作系统或应用程序不能正常启动或使用。

(9) 移动、重命名、删除、还原文件夹

按住鼠标左键,拖动"我的图片"文件夹至"我的练习"文件夹图标上,当提示"移动到我的练习",松开鼠标左键,即移动成功。

双击打开"我的练习"文件夹,右击"我的图片"文件夹,在快捷菜单中单击"重命名",出现文件名框,输入新名称"My Picture",按回车键,完成重命名操作。

右击"My Picture"文件夹,打开快捷菜单,单击"删除",单击"是",完成删除操作,将文件夹放入回收站。

双击打开桌面上的"回收站",右击"My Picture"文件夹,打开快捷菜单,单击"还原",即将文件夹"My Picture"还原至删除前的位置,完成还原操作,关闭"回收站"窗口。

(10) 彻底删除文件夹

在资源管理器窗口中,单击选择"其他文件"文件夹,按【Del(ete)】删除键,系统弹出删除提示对话框,单击"是"按钮。双击打开桌面上的"回收站",右击"其他文件"文件夹,打开快捷菜单,单击"删除",即将文件夹"其他文件"彻底删除。

（11）建立库

在资源管理器窗口的导航窗格中右击"库"，打开快捷菜单，单击"新建"下一级菜单中的"库"选项，如图1-74所示。在"新建库"的名称框中输入"MINE"。在资源管理器窗口中单击"计算机"下的D盘，在D盘根文件夹中双击打开"我的练习"文件夹，右击"我的文档"文件夹，打开快捷菜单，单击"包含到库中"下的"MINE"选项，如图1-75所示，即实现将文件夹"我的文档"添加到库"MINE"中的操作。

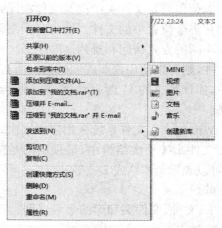

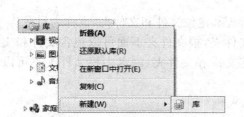

图1-74 "新建库"菜单　　　　　　　　图1-75 "包含到库中"菜单

（12）设置回收站

在桌面上右击"回收站"，打开快捷菜单，单击"属性"。打开"回收站属性"对话框，选择"不将文件移到回收站中。移除文件后立即将其删除。"选项，不选择"显示删除确认对话框"复选框，如图1-76所示。单击"确定"按钮完成操作。

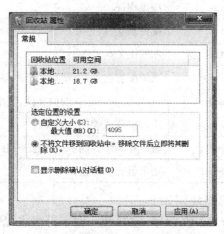

图1-76 "回收站属性"对话框

◆ 知识点剖析

1. Windows 7文件、文件夹和库的概念

文件是数据组织的一种形式，计算机中的所有信息都是以文件的形式存储的，如用户的

一份简历、一幅画、一首歌、一幅照片等都是以文件的形式存放的。在计算机中的每一个文件都必须有文件名,便于操作系统管理和使用。

文件夹是一个文件容器,每个文件都存储在文件夹或"子文件夹"(文件夹中的文件夹)中。可以通过单击任何已打开文件夹的导航窗格(左窗格)中的"计算机"来访问所有文件夹。

库是 Windows 7 中的新增功能,库是用于管理文档、音乐、图片和其他文件的位置。用户可以使用与在文件夹中浏览文件相同的方式浏览库。但与文件夹不同的是,库可以收集存储在多个位置中的文件。这是一个细微但重要的差别,库实际上不存储项目。库允许用户以不同的方式访问和排列这些项目。例如,如果在硬盘和外部驱动器上的文件夹中有视频文件,则可以使用视频库同时访问所有视频文件。可以将来自不同位置的文件夹包含到库中,如计算机的 C 盘驱动器、外部硬盘驱动器或网络。一个库最多可以包含 50 个文件夹。

Windows 7 文件系统采用树形层次结构来管理和定位文件和文件夹(也称为目录)。在树形文件系统层次结构中,最顶层的是磁盘根文件夹,根文件夹下面可以包含文件和文件夹,可以表示为 C:\ 或 D:\ 等,文件夹下面可以有文件和文件夹,磁盘中根文件夹不可以直接删除。

2. 文件、文件夹和库的命名规则

文件名一般由三部分组成:主文件名、分隔符(即圆点".")和扩展名。扩展名用来表示文件的类型,例如"Example. doc""简历. docx"这两个文件均表示是 Word 文档。常见的文件类型及其扩展名如表 1－2 所示。

表 1－2　文件类型及其扩展名

文件类型	扩展名	说明
可执行文件	exe	应用程序
批处理文件	bat	批处理文件
文本文件	txt	ASCII 文本文件
配置文件	sys	系统配置文件,可使用记事本创建
位图图像	bmp	位图格式的图形、图像文件,可由"画图"软件创建
声音文件	wav	压缩或非压缩的声音文件
视频文件	avi	将语音和影像同步组合在一起的文件格式
静态光标文件	cur	用来设置鼠标指针

Windows 7 中文件的命名规则如下:

(1) 文件名可以由字母、数字、汉字、空格和一些字符组成,最多可以包含 255 个字符。

(2) 文件名不可以有这些字符:\,/,:,＊,?,<>,|(都为英文字符)。

(3) Windows 系统中文件名不区分大小写。

(4) 文件名中可以用多个圆点"."分隔,最后一个圆点后的字符作为文件扩展名。

(5) 文件名的命名最好见名知意、通俗易懂。

库和文件夹的命名与文件的命名规则基本相同,只是一般不需要扩展名。

3. 路径

文件的路径即文件的地址,是指连接目录和子目录的一串目录名称,各文件夹间用"\"(反斜杠)分隔。路径分为绝对路径和相对路径两种。

(1) 绝对路径:指从文件所在磁盘根目录开始到该文件所在目录为止所经过的所有目录。绝对路径必须以根目录开始,例如 C:\Program Files\WinRAR\License. txt。

(2) 相对路径:顾名思义就是文件相对于目标的位置。如系统当前的文件夹为 Program Files,这时上面绝对路径例子中的文件 License. txt,其相对路径为 WinRAR\License. txt。文件的相对路径会因采用的参考点不同而不同。

4. 打开 Windows 7 资源管理器的方法

打开资源管理器的常用方法有以下几种:

(1) 单击"开始"菜单按钮,选择"所有程序"→"附件"→"Windows 资源管理器"菜单命令。

(2) 右击"开始"菜单按钮,系统打开快捷菜单,单击"打开 Windows 资源管理器"即可打开。

(3) 使用快捷组合键:Windows 徽标键+【E】键。

5. 使用地址栏导航

地址栏出现在每个文件夹窗口的顶部,系统将当前的位置显示为以箭头分隔的一系列链接,如图 1 - 77 所示。

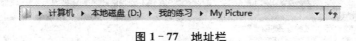

图 1 - 77　地址栏

可以通过单击某个链接或键入位置路径来导航到其他位置,也可以单击地址栏中的链接直接转至该位置。如单击上面地址中的"我的练习",即转到"我的练习"文件夹,也可以单击地址栏中指向链接右侧的箭头,然后单击列表中的某项以转至该位置,如图 1 - 78 所示。

图 1 - 78　地址栏下拉列表

如需在地址栏显示当前位置的完整路径,则在地址栏单击鼠标即可,效果如图 1 - 79 所示。

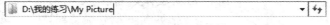

图 1 - 79　地址栏显示路径

6. 设置在窗口中显示菜单

在默认情况下,Windows 资源管理器窗口不显示菜单栏,按【Alt】键可以在显示或隐藏菜单栏方式间切换。也可以在工具栏上单击"组织",指向"布局",然后单击"菜单栏"项,以控制菜单栏的显示与隐藏,如图 1 - 80 所示。

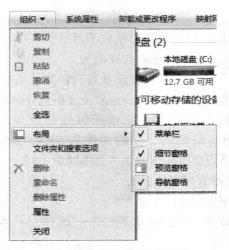

图 1 - 80　显示或隐藏菜单栏

7. 查看和设置文件的属性

在 Windows 7 中,通过查看文件的属性可以了解文件的类型、打开方式、大小、创建时间、最后一次修改的时间、最后一次访问的时间和属性等信息,如图 1 - 81 所示。也可在细节窗格(位于文件夹窗口的底部)显示文件最常见的属性。

图 1 - 81　"文件夹"窗口

在属性对话框中查看和设置文件属性。

(1) 右击文件,在系统打开的快捷菜单中单击"属性",打开文件属性对话框。

(2) 在"常规"选项卡中可以看到文件名、文件类型、打开方式、位置、大小、创建时间、最后一次修改时间、最后一次访问时间和属性等,如图 1 - 82 所示。基本属性有"只读"和"隐藏"两项。如选中"只读"项,表示文件内容只可查看,不能被编辑;如选中"隐藏"项,表示文件在文件夹常规显示中不可见。

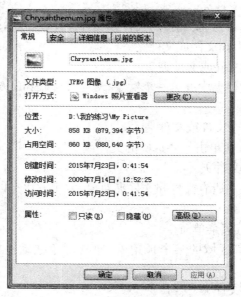

图 1-82　"常规"选项卡

（3）如图 1-83 所示，在"详细信息"选项卡的"值"下，在要添加或更改的属性旁单击，键入文本，然后单击"确定"。如果"值"下方的部分显示为空，在该位置单击，将会显示一个输入框。

图 1-83　"详细信息"选项卡

8. 选择文件或文件夹

Windows 系统的操作特点是先选择后操作。移动、复制和删除文件或文件夹时，一定要先选择相应的文件或文件夹，即先确定要操作的对象，然后再进行相应的操作。

（1）选择单个文件或文件夹

在资源管理器窗口中，转到要选择的文件或文件夹所在位置，然后在资源管理器的窗口单击文件或文件夹，即选中该文件或文件夹。

（2）选择连续的多个文件或文件夹

单击连续的文件或文件夹中的第一个对象，然后按住【Shift】键再单击最后一个要选择的文件或文件夹即可。

（3）选择不连续的多个文件或文件夹

先按住【Ctrl】键，再依次单击想要选中的文件或文件夹即可。

（4）选择全部文件或文件夹

如想选中当前文件夹中所有文件和文件夹对象，常用方法有以下几种：

① 按【Ctrl＋A】组合键。

② 执行"编辑"→"全选"菜单命令。

③ 从当前文件夹窗口区域的某个顶角处，向其对角拖动鼠标，框选中所有文件或文件夹。

（5）反向选择文件或文件夹

先选择不需要的文件或文件夹对象，再单击"编辑"→"反向选定"菜单命令，这种方式常用于选择除个别文件或文件夹以外的所有文件和文件夹。

（6）取消文件或文件夹的选择

如取消个别文件或文件夹的选择，可按住【Ctrl】键，然后单击已选中的文件或文件夹，即可取消选择。

如需取消所有的选择，则在选择文件或文件夹图标区域外单击鼠标，即可取消所有对象的选择。

9. 复制和移动文件或文件夹

复制文件或文件夹是将选中的文件或文件夹在目标位置放一份，源文件和文件夹还存在。移动文件或文件夹是将选中的文件或文件夹移到目标文件夹下，原来位置的源文件或文件夹就不存在了。

文件的复制和移动，常用方法如下：

（1）利用鼠标拖动

利用鼠标拖动来复制或移动文件或文件夹时，最好是源位置和目标位置在窗口均可见。

① 复制：如果是同一个驱动器的两个文件夹间进行复制，则在拖动对象到目标位置的同时按住【Ctrl】键；如果在不同驱动器的两个文件夹间进行复制，直接拖动对象到目标位置即可实现复制。在拖动过程中鼠标指针右边会有一个"＋"标志。

② 移动：如果是同一个驱动器的两个文件夹间进行移动，则直接拖动对象到目标位置，即实现移动；如果是在不同驱动器的两个文件夹间进行移动，在拖动对象到目标位置的同时按住【Shift】键即可实现移动。

（2）利用命令或快捷菜单

① 选择要复制（或移动）的文件或文件夹。

② 执行"编辑"菜单中的"复制"（或"剪切"）命令，或按快捷键【Ctrl＋C】（或【Ctrl＋X】）。

③ 转到目标文件夹。

④ 执行"编辑"菜单中的"粘贴"命令，或按快捷键【Ctrl＋V】，即可完成文件的复制（或移动）。

10. 删除和还原文件或文件夹

要删除文件或文件夹时，选中要删除的对象，然后执行以下任一操作即可删除：

(1) 按【Del】或【Delete】删除键。

(2) 单击"文件"菜单中的"删除"命令。

(3) 直接将选中的对象拖动到回收站中。

如果用户删除的对象是计算机硬盘上的，则系统默认是将其移入回收站，若是误删除，还可以从回收站中将文件或文件夹还原。如果要将硬盘上的文件或文件夹彻底删除，不放入回收站，则在执行删除操作的同时按住【Shift】键即可。

还原文件的方式：双击桌面上的回收站图标，打开"回收站"窗口。在窗口选中要还原的对象，在工具栏上单击"还原此项目"按钮，即可将选中对象还原到删除之前所在位置。

彻底删除文件：在回收站窗口选中要彻底删除的对象，然后按【Delete】键，在系统弹出的"确认删除文件"对话框中单击"是"命令按钮。

11. 搜索文件或文件夹

对文件和文件夹、打印机、用户以及其他网络计算机都可以进行搜索。

Windows 7 系统中的搜索框无处不在，在开始菜单、资源管理器窗口中都有。搜索框位于每个窗口的顶部，它根据所键入的文本筛选当前位置中的内容，搜索将查找文件名和内容中的文本，以及标记等文件属性中的文本。如果在库中，搜索包括库中包含的所有文件夹及这些文件夹中的子文件夹。

当查找时，如果记不清楚全部名称或者不想键入完整名称时，常常使用通配符代替一个或多个真正字符。通配符是一类键盘字符，如星号（＊）和问号（?）。

星号（＊）：可以使用星号代替 0 个或多个字符。如果正在查找以 my 开头的一个文件，但不记得文件名其余部分，可以在搜索框中输入 my＊，查找以 my 开头的所有文件类型的文件，如 mypicture. jpg、myword. docx、mytext. txt 等。若要缩小范围，可以输入 my＊. docx，查找文件主名以 my 开头且类型为. docx 的所有文件，如 myword. docx、my01. docx 等。

问号（?）：可以使用问号代替一个字符。如果输入 my0?. docx，则表示查找文件主名以 my0 开头、my0 后有一个字符且文件类型为. docx 的文件，如 my01. docx、my02. docx 等。

> ▶ 提示：
> 　　作为通配符使用的星号（＊）和问号（?）必须使用英文符号。

(1) 使用搜索框搜索文件或文件夹的操作方法：在搜索框中键入字词或字词的一部分。键入时，将筛选文件夹或库的内容，以反射键入的每个连续字符。看到需要的文件后，即可停止键入。

如果没有找到要查找的文件，则可以通过单击搜索结果底部的某一选项来更改整个搜索范围。例如，如果在文档库中搜索文件，但无法找到该文件，则可以单击"计算机"以将搜索范围扩展至整个计算机。

(2) 扩展搜索：如果在特定库或文件夹中无法找到要查找的内容，则可以扩展搜索其他

位置,操作方法如下:

① 在搜索框中键入某个字词。

② 滚动到搜索结果列表的底部。在"在以下内容中再次搜索"下,执行下列操作:

单击"库"在每个库中进行搜索;单击"计算机"在整个计算机中进行搜索;单击"自定义"搜索特定位置;单击"Internet",以使用默认 Web 浏览器及默认搜索提供程序进行联机搜索。

（3）使用搜索筛选器查找文件。

如果要基于一个或多个属性(例如标记或上次修改文件的日期)搜索文件,则可以在搜索时使用搜索筛选器指定属性。在库或文件夹中单击搜索框,然后单击搜索框下的相应搜索筛选器,如图 1-84 所示。

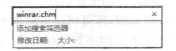

图 1-84　搜索筛选器

可以重复执行这些步骤,以建立基于多个属性的复杂搜索。每次单击搜索筛选器或值时,都会将相关字词自动添加到搜索框中。

任务 2　程序管理

◆ **操作内容**

（1）安装与删除程序。

（2）程序的启动和退出。

（3）创建快捷方式。

（4）添加和删除输入法。

◆ **操作步骤**

（1）安装金山打字通 2013 软件

① 双击金山打字通 2013 的安装程序文件 Setup2013.exe,系统会弹出"用户帐户控制"对话框,如图 1-85 所示。单击"是"按钮,开始安装初始化,完成后系统会弹出欢迎对话框,如图 1-86 所示。单击"下一步"按钮,弹出"许可证协议"对话框,如图 1-87 所示。单击"我接受"按钮,表示同意协议内容。

图 1-85　"用户帐户控制"对话框

图 1-86　"欢迎"对话框

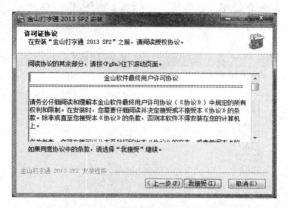

图 1 - 87　"许可证协议"对话框

②　系统弹出推荐安装 WPS Office 软件对话框,用户可根据需要选择安装或不安装。本例暂不安装,取消勾选复选框,单击"下一步"按钮,如图 1 - 88 所示。

图 1 - 88　"推荐安装 WPS Office"对话框

③　系统弹出"选择安装位置"对话框,即设置程序安装文件的文件夹,如图 1 - 89 所示。可采用默认文件夹,如想修改,可通过单击"浏览"按钮选择合适的安装位置。设置好后,单击"下一步"按钮。

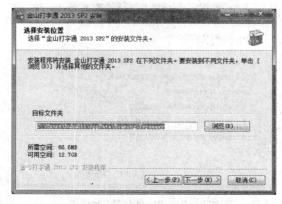

图 1 - 89　"选择安装位置"对话框

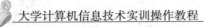
④ 系统弹出"选择'开始菜单'文件夹"对话框,如图 1-90 所示。采用默认名即可,单击"安装"按钮。

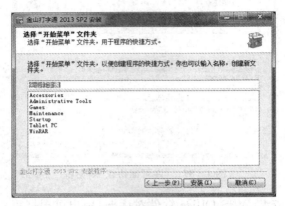

图 1-90　"选择'开始菜单'文件夹"对话框

⑤ 系统弹出"安装金山打字通 2013 SP2"对话框,如图 1-91 所示。安装完成后,打开"软件精选"对话框,如图 1-92 所示。用户根据需要选择所要安装的软件,本例全部不选,然后单击"下一步"按钮。

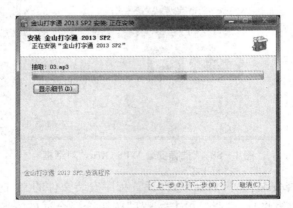

图 1-91　"安装金山打字通 2013 SP2"对话框

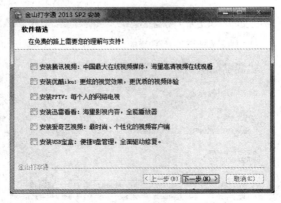

图 1-92　"软件精选"对话框

⑥ 系统弹出如图 1-93 所示的对话框,单击"完成"按钮,则"金山打字通 2013 SP2"完成安装。在开始菜单中可看到"金山打字通",即为"金山打字通 2013 SP2"软件。

图 1-93　"金山打字通 2013 SP2 安装完成"对话框

(2) 删除桌面上金山打字通的快捷方式

"金山打字通 2013 SP2"安装程序会自动在桌面上建立软件的快捷方式。将桌面上的金山打字通的快捷方式图标拖入回收站,即删除该快捷方式。

(3) 建立桌面快捷方式

单击"开始"菜单按钮,找到"金山打字通",然后直接将其拖到桌面上,即建立"金山打字通"快捷方式。启动"金山打字通 2013 SP2"时,双击桌面上的金山打字通快捷方式,或单击"开始"菜单中的"金山打字通",都可以启动软件。

(4) 删除"金山打字通 2013 SP2"

① 利用软件自身所带的卸载程序,在"开始"菜单中单击"金山打字通"下的"卸载金山打字通",如图 1-94 所示。系统会弹出"用户账户控制"对话框,如图 1-95 所示,单击"是"按钮,然后根据提示操作,即可删除电脑中安装的"金山打字通 2013 SP2"软件。

图 1-94　"卸载金山打字通"菜单项　　　　图 1-95　"用户帐户控制"对话框

② 单击"开始"→"控制面板"→"程序"→"卸载程序"菜单命令,系统打开"卸载或更改程序"窗口,如图 1-96 所示。在程序列表中找到金山打字通,单击选择该项。单击"卸载/更改"按钮,弹出"卸载金山打字通 2013 SP2"对话框,如图 1-97 所示,单击"卸载"按钮,系统开始卸载"金山打字通"相关文件。卸载完成后单击"完成"按钮,即完成删除"金山打字通 2013 SP2"的操作。

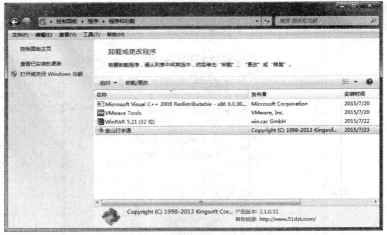

图 1－96　"卸载或更改程序"窗口

图 1－97　"卸载金山打字通 2013 SP2"对话框

（5）添加输入法

① 右击任务栏上的"语言栏"，单击"设置"，打开"文本服务和输入语言"对话框，如图 1－98 所示。在"已安装的服务"下方的列表框中显示已安装的输入法。

图 1－98　"文本服务和输入语言"对话框

② 单击"添加"按钮，打开"添加输入语言"对话框。拖动垂直滚动条，找到需要添加的输入法，单击其前面的复选框，本例选择"简体中文全拼"和"中文（简体）-微软拼音 ABC 输入风格"，如图 1-99 所示。

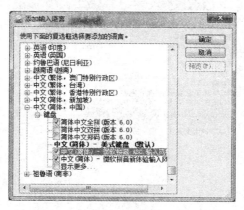

图 1-99　"添加输入语言"对话框

③ 单击"确定"按钮，返回"文本服务和输入语言"对话框，单击"确定"按钮，完成输入法的添加，如图 1-100 所示。

图 1-100　完成添加输入法

（6）删除输入法

右击任务栏上的"语言栏"，单击"设置"，打开"文本服务和输入语言"对话框，如图 1-100 所示。在"已安装的服务"下方的列表框中单击"简体中文全拼"输入法，单击"删除"按钮，即删除全拼输入法。

（7）为输入法设置快捷键

① 右击任务栏上的"语言栏"，单击"设置"，打开"文本服务和输入语言"对话框，单击

"高级键设置"选项卡。在"输入语言的热键"列表中单击选择"中文（简体）-微软拼音ABC"，如图1－101所示。

图1－101　"高级键设置"选项卡

② 单击"更改按键顺序"按钮，打开"更改按键顺序"对话框，如图1－102所示。选择"启用按键顺序"复选框，在右边的下拉列表中选择数字"1"，单击"确定"按钮。返回到"文本服务和输入语言"对话框，再单击"确定"按钮，完成设置。

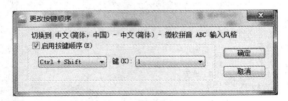

图1－102　"更改按键顺序"对话框

◆ 知识点剖析

1. 快捷方式

"快捷方式"是Windows提供的指向一个对象（如文件、文件夹、程序等）的链接，它包含了为启动一个程序、编辑一个文档或打开一个文件夹所需的全部信息。快捷方式是Windows提供的一种快速启动程序、打开文件或文件夹的方法。当双击一个快捷方式图标时，Windows首先检查该快捷方式文件的内容，找到它所指向的对象，然后Windows再打开那个对象。

用户可根据需要为程序、文件或文件夹创建快捷方式。常用创建快捷方式的方法如下：

（1）右击要创建快捷方式的对象，打开快捷菜单，选择"创建快捷方式"命令。

（2）按住右键并拖动对象，到目的位置后松开鼠标右键，打开快捷菜单，选择"在当前位置创建快捷方式"命令即可。

（3）右击对象，在弹出的快捷菜单中选择"发送到"→"桌面快捷方式"菜单命令，即可在桌面上为该对象创建一个快捷方式。

（4）将"开始"菜单中的程序直接拖到桌面上，也可以为程序在桌面上创建快捷方式。

快捷方式创建后，也可重命名、移动位置、复制和删除，操作方法与文件的相应操作方法一样。

2．程序的启动和关闭

（1）启动 Windows 操作系统中程序的主要方法

① 单击"开始"菜单，单击"所有程序"，单击相应的程序。

② 双击桌面上应用程序的快捷方式。

（2）关闭程序常用方法

① 单击程序标题栏上的"关闭"按钮。

② 按快捷键【Alt＋F4】。

③ 双击程序的控制菜单图标。

3．安装与删除程序

在使用计算机时，用户可以根据自己的需要，安装或删除程序。

（1）添加新程序

找到安装程序文件，通常安装程序文件名为 setup. exe、install. exe 等，双击启动该文件，根据提示，完成程序的安装。

（2）更改或删除程序

卸载 Windows 应用程序一般来说可以使用以下两种方法：

① 使用软件包自带的卸载程序。选择"开始"→"所有程序"菜单命令下相应的程序卸载程序，然后根据提示，完成程序的卸载。

② 使用系统的"卸载程序"。单击开始菜单中的"控制面板"命令，打开"控制面板"窗口。单击"程序"下的"卸载程序"，打开"卸载或更改程序"窗口，在程序列表中选择要卸载的程序，然后单击"卸载/更改"按钮，即开始卸载操作。

4．用户帐户控制

用户帐户控制（UAC）是 Windows Vista 中开始的一项新功能，可防止恶意程序损坏计算机。UAC 可阻止未经授权应用程序的自动安装，并可防止在无意中更改系统设置。Windows 7 中可以对需要弹出的警告、确认提示的信息进行详细定义，这样就能大大减少提示框弹出的频率。

任务3　磁盘管理

◆ 操作内容

（1）清理磁盘。

（2）磁盘碎片整理。

（3）建立计划任务。

◆ 操作步骤

（1）磁盘清理

① 启动磁盘清理。单击"开始"按钮，单击"所有程序"，单击"附件"，单击"系统工具"，

单击"磁盘清理"命令,弹出"磁盘清理:驱动器选择"对话框,如图1-103所示。

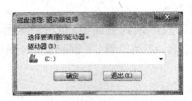

图1-103 "磁盘清理:驱动器选择"对话框

② 选择要清理的磁盘。在驱动器的下拉列表中选择要清理的驱动器C,单击"确定"按钮。系统对C盘进行扫描,然后弹出"磁盘清理"对话框,如图1-104所示。

图1-104 "磁盘清理"对话框

③ 选择要清理的文件。在"磁盘清理"对话框"要删除的文件"列表中单击选择"Internet临时文件""回收站"复选框,如图1-105所示。单击"确定"按钮,系统会弹出一个对话框要求用户确认,单击"是"按钮,选择的文件会被删除。

图1-105 "磁盘清理"对话框

(2) 对本地驱动器C进行磁盘碎片整理

① 单击"开始"按钮,选择"所有程序"→"附件"→"系统工具"→"磁盘碎片整理程序"菜单命令,弹出"磁盘碎片整理程序"对话框,如图1-106所示。

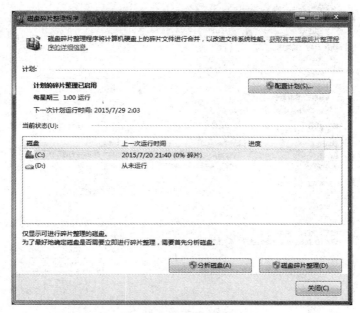

图 1 - 106　"磁盘碎片整理程序"对话框

　　② 在磁盘列表框中单击要整理的磁盘 C,然后单击"分析磁盘"按钮,程序会对 C 盘进行分析碎片情况。分析结束后,"上一次运行时间"会显示出碎片情况,如图 1 - 107 所示。根据碎片情况用户可以决定是否需要整理。

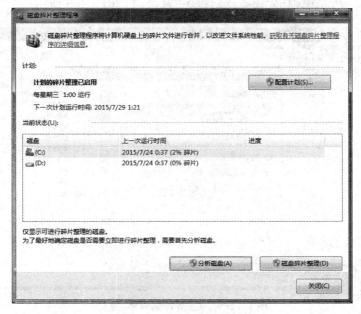

图 1 - 107　显示磁盘碎片情况

　　③ 用户也可直接点击"磁盘碎片整理"按钮,开始对磁盘 C 进行碎片整理,对话框中显示碎片整理进程,如图 1 - 108 所示。

图 1－108　磁盘碎片整理进度

④ 磁盘碎片整理完后,碎片为 0%,单击"关闭"按钮,关闭对话框。

（3）建立磁盘清理程序的任务计划

① 启动任务计划。单击"开始"按钮,选择"所有程序"→"附件"→"系统工具"→"任务计划程序"菜单命令,系统弹出"任务计划程序"窗口,如图 1－109 所示。

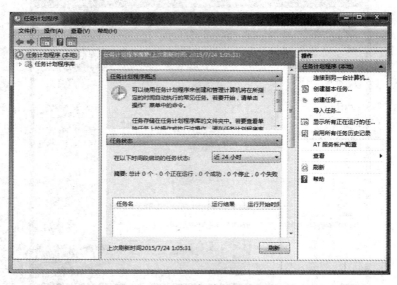

图 1－109　"任务计划程序"窗口

② 在窗口右侧的"操作"窗格中单击"创建基本任务",打开"创建基本任务"对话框,如图 1－110 所示。在名称框中输入"我的磁盘清理",单击"下一步"按钮。

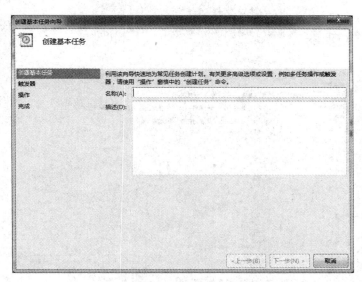

图 1－110　"创建基本任务"对话框

③ 系统打开"任务触发器"对话框，在右边窗格中单击选择"每周"，如图 1－111 所示，然后单击"下一步"按钮。

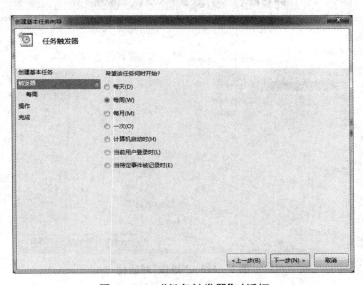

图 1－111　"任务触发器"对话框

④ 在弹出的对话框中，输入起始时间为 21:00，并选择"星期一"项，如图 1－112 所示，然后单击"下一步"按钮。

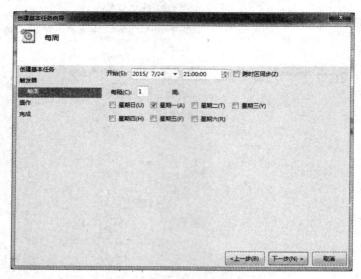

图 1 - 112　"每周"对话框

⑤ 打开"操作"对话框,选择"启动程序",如图 1 - 113 所示。单击"下一步"按钮。

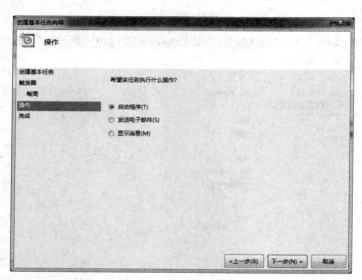

图 1 - 113　"操作"对话框

⑥ 打开"启动程序"对话框,在"程序或脚本"的文本框中输入 C:\Windows\System32\ Defrag. exe;或单击"浏览"按钮,在 C:\Windows\System32 文件夹中双击 Defrag. exe(磁盘整理程序),在"添加参数"项文本框中输入"C:",如图 1 - 114 所示。单击"下一步"按钮。

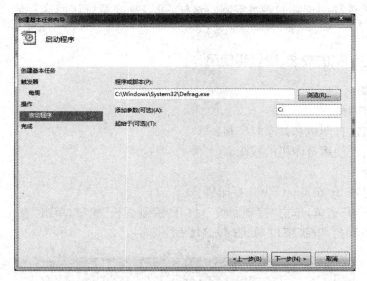

图 1 - 114　"启动程序"对话框

⑦ 打开"摘要"对话框，如图 1 - 115 所示。单击"完成"按钮，即完成任务计划设置。

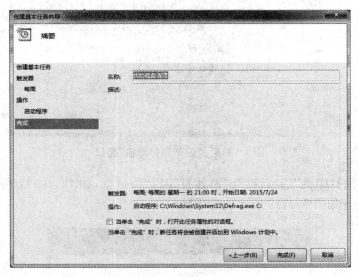

图 1 - 115　"摘要"对话框

◆ **知识点剖析**

1. 磁盘清理

Windows 7 所提供的磁盘清理程序可以删除临时 Internet 文件、删除不再使用的已安装组件和程序以及清空"回收站"，这样可以释放硬盘空间，保持系统的简洁，大大提高系统性能。

2. 磁盘碎片整理

磁盘碎片整理程序可以分析磁盘并合并碎片文件和文件夹，以便每个文件或文件夹都

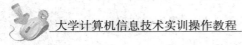

可以占用磁盘上单独而连续的磁盘空间。这样，可以提高系统访问和存储文件或文件夹的速度。

任务4 打印机的安装、设置和使用

◆ **操作内容**

（1）添加打印机。

（2）设置默认打印机和共享打印机。

（3）设置用户使用打印机的权限。

◆ **操作步骤**

（1）安装惠普 hp deskjet 5100 打印机

① 单击"开始"菜单，单击"控制面板"，打开"控制面板"窗口，单击"查看设备和打印机"选项，打开"设备和打印机"窗口，如图 1 - 116 所示。

图 1 - 116 "设备和打印机"窗口

② 单击"添加打印机"选项，打开"添加打印机"对话框，如图 1 - 117 所示。单击"添加本地打印机"，打开如图 1 - 118 所示的对话框。

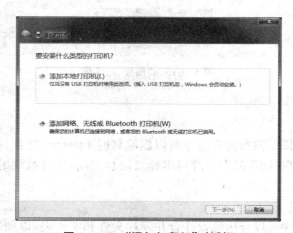

图 1 - 117 "添加打印机"对话框

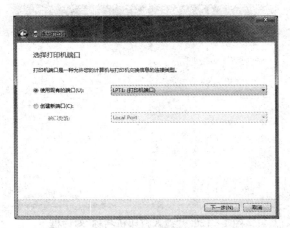

图 1 - 118　"选择打印机端口"对话框

③ 选择"使用现有的端口：LPT1"，单击"下一步"按钮，打开"安装打印机驱动程序"对话框。在"厂商"列表中单击选择"HP"，在"打印机"列表中单击选择"hp deskjet 5100"，如图 1 - 119 所示。单击"下一步"按钮，打开"键入打印机名称"对话框。

图 1 - 119　"安装打印机驱动程序"对话框

④ 在打印机名称框中输入"hp5100"，如图 1 - 120 所示。单击"下一步"按钮，系统开始安装打印机。安装完成，打开"打印机共享"对话框。

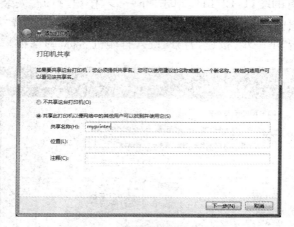

图 1 - 120 "键入打印机名称"对话框

⑤ 在"打印机共享"对话框中设置"共享名称"为"myprinter",如图 1 - 121 所示。

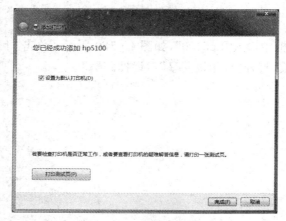

图 1 - 121 "打印机共享"对话框

⑥ 单击"下一步"按钮,打开"成功添加打印机"对话框,如图 1 - 122 所示。选择"设置为默认打印机",单击"完成"按钮,即完成打印机安装。

图 1 - 122 "成功添加打印机"对话框

（2）设置 Administrators 打印权限

在"设备和打印机"窗口中右击"hp5100"打印机图标，在打开的快捷菜单中单击"打印机属性"命令。系统打开"hp5100 属性"对话框，单击"安全"选项卡。在"组或用户名称"列表中选择"Administrators"用户，然后在下面相应的"Administrators 的权限"列表框中勾选"打印""管理此打印机""管理文档"权限，如图 1－123 所示。然后单击"确定"按钮，完成设置。

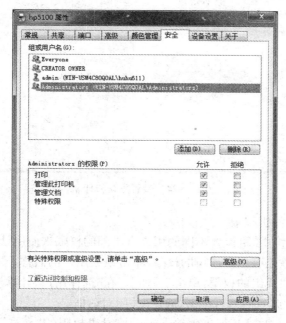

图 1－123　"安全"选项卡

◆ **知识点剖析**

1. 驱动程序

驱动程序英文名为"Device Driver"，全称为"设备驱动程序"，是计算机和设备通信的一种特殊程序，相当于硬件的接口，操作系统只有通过这个接口，才能控制硬件设备的工作。如果设备的驱动程序未能正确安装，设备便不能正常工作。

从理论上讲，所有的硬件设备都需要安装相应的驱动程序才能正常工作。但像 CPU、内存、主板、软驱、键盘、显示器等设备，其驱动程序已经集成在计算机主板的 BIOS 中，不需要再安装驱动程序就可以正常工作；而显卡、声卡、网卡、打印机等一定要安装驱动程序，否则便无法正常工作。

2. 打印机的安装

在 Windows 7 操作系统中，用户可以自己安装打印机驱动程序。当打印机为即插即用时，系统可自动搜索打印机类型，然后安装相应的驱动程序。

3. 设置默认打印机

在 Windows 7 系统中，用户可以安装多台打印机。这时，用户应设置打印时首选的打印机，即默认打印机。设置默认打印机的操作方法：在"开始"菜单中单击"设备和打印机"选项，打开"设备和打印机"窗口。在此窗口中右击要设置为默认打印机的对象图标，打开快捷菜单，单击选择"设置为默认打印机"命令，如图 1-124 所示。执行后，打印机图标左下角多了一个带有"√"的绿圆，说明已将其设置为默认打印机。

图 1-124　设置默认打印机

4. 设置或删除打印机权限

在 Windows 7 系统中，可设置不同的用户有不同的权限来使用计算机。

（1）要更改或删除已有用户或组的权限，单击组或用户的名称。

（2）要设置新用户或组的权限，单击"添加"。在"选择用户、计算机或组"中键入要为其设置权限的用户或组的名称，然后单击"确定"关闭对话框。

（3）根据需要，可在"权限"列表中单击每个要设置权限的"允许"或"拒绝"。如从权限列表中删除用户或组，则单击"删除"按钮。

同步练习

1. 启动资源管理器，浏览"库→图片→图片实例"下的图片。图片分别以"超大图标""大图标""小图标""列表""详细信息""平铺"和"内容"等视图方式显示。截图显示。

2. 在"详细信息"视图方式下，将示例图片文件分别以名称、大小、类型、修改时间等方式进行排序。截图显示。

3. 显示 C 盘的已用空间和可用空间。将 C 盘根目录下的所有文件以修改日期的降序方式排列。截图显示。

4. 设置资源管理器中显示隐藏文件和系统文件，并显示文件的扩展名。截图显示。

5. 设置在资源管理器窗口显示"预览窗口"。截图显示。

6. 在 D 盘的根文件夹下创建"我的练习"和"我的图片"文件夹，在"我的练习"文件夹下再分别创建"我的文档"和"其他文件"文件夹。截图显示。

7. 在"我的练习"文件夹下创建名为"练习.txt"的空文本文件。查看"练习.txt"的属性，并设置该文件为只读文件。截图显示。

8. 将 C 盘中的 WinRAR.chm 文件复制到"我的文档"目录中。从"示例图片"文件夹中复制三个图片到"我的图片"文件夹。截图显示。

9. 将"我的图片"文件夹移至"我的练习"文件夹下,并改名为"My Picture"。删除"My Picture"文件夹,再将其还原。截图显示。

10. 彻底删除"其他文件"文件夹。截图显示。

11. 建立"MINE"库,并将"我的文档"中的文件添加到该库中。截图显示。

12. 设置删除文件时,不将文件移到回收站中,而立即删除,不显示删除确认对话框。截图显示。

13. 在 Windows 7 中,安装"金山打字通 2013 SP2"软件。截图显示。

14. 删除桌面上"金山打字通 2013 SP2"的快捷方式。截图显示。

15. 在桌面上创建"金山打字通 2013 SP2"的快捷方式。截图显示。

16. 从当前操作系统中删除"金山打字通 2013 SP2"程序。截图显示。

17. 为系统输入法列表添加"简体中文全拼"和"微软拼音 ABC 输入风格"输入法。截图显示。

18. 删除输入法列表中的"简体中文全拼"输入法。截图显示。

19. 设置切换到"微软拼音 ABC 输入风格"的键盘快捷键为【Ctrl＋Shift＋1】。截图显示。

20. 清理 C 盘下回收站文件和 Internet 临时文件。截图显示。

21. 对本地驱动器 C 进行磁盘碎片整理。截图显示。

22. 建立名为"我的磁盘整理"的磁盘碎片整理计划任务,要求每周一晚上 9 点开始整理 C 盘。截图显示。

23. 在 LPT1 端口安装一台打印机,取名"hp5100",允许其他网络用户共享,共享名为"myprinter",设置为默认打印机。截图显示。

24. 设置允许 Administrators 用户对打印机 hp5100 享有"打印""管理此打印机""管理文档"权限。截图显示。

第**2**章
网络的基本应用

学习目标

配置 TCP/IP 协议;IE 浏览器的使用;搜索引擎的使用方法;在线音乐;使用街景地图;网上购物;收发电子邮件;下载并安装迅雷等下载工具;微信、FTP 等软件的使用。

本章知识点

TCP/IP 协议:此协议是构建 Internet 的基础协议、Internet 国际互联网络的基础。它由网络层 IP 协议和传输层 TCP 协议组成。在使用 TCP/IP 的网络中,客户端必须有 IP 地址,而 TCP/IP 网络中 DNS(域名服务器)则起到域名解析的作用。TCP/IP 中的网关即一个网络通向另外一个网络的 IP 地址。

WWW 服务:Web 服务的客户端浏览程序。它向万维网服务器发出各种请求,并将服务器发来的超文本信息和各种多媒体数据格式进行解释、显示和播放。

搜索引擎:用特定的计算机程序搜集互联网信息,对信息进行组织和处理,将处理后的信息显示给用户,是为用户提供检索服务的系统。

下载文件:通过网络进行传输文件,把互联网或其他电子计算机上的信息保存到本地电脑上的一种网络活动。

即时通信:这是目前的 Internet 流行的通信方式之一,ISP(因特网服务提供商)提供了越来越多的通信服务功能,其中就包括多种基于 C/S 架构的即时通信工具。

重点与难点

1. IP 地址的配置;
2. 浏览器的使用;
3. 电子邮件的收发;
4. 下载软件的使用;
5. 微信软件的应用;
6. FTP 的使用。

案例一　配置 TCP/IP 协议

案例情境

　　李同学在软件公司实习,兼做该公司的网管。公司主管要求李同学将办公室内的 20 台 PC 组建成局域网,并重新分配 IP 地址。

任务 1　配置 TCP/IP 协议

◆ **操作步骤**

　　以 Windows 7 系统为例,“开始”→鼠标单击“控制面板”→“查看网络状态和任务”→“更改适配器设置”→“本地连接”,鼠标双击打开“本地连接属性”或者鼠标在“本地连接”右击→“本地连接属性”,如图 2-1 所示。鼠标双击“Internet 协议版本 4(TCP/IPv4)”,即可设置 IP 地址、子网掩码、默认网关、DNS 服务器地址等(以下 IP 地址不特别说明,均指 IPv4 地址),如图 2-2 所示。

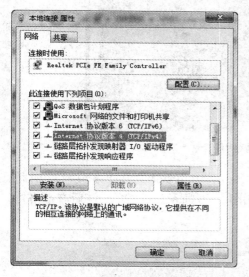

图 2-1　“本地连接属性”对话框

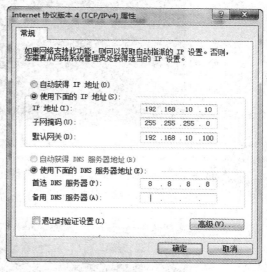

图 2-2　配置 IP 地址

> ▶ **提示：**
> 　　IP 地址、子网掩码、网关由网络管理员分配或由 ISP 提供。网络使用 DHCP 服务器动态指定 IP 地址时,则用“自动获得 IP 地址”(上述步骤在实验时,可能会出现 IP 冲突等情况,请实验指导教师注意)。

任务 2　网络测试

◆ **操作步骤**

　　在任务栏上单击“开始”→“搜索程序和文件”,在“搜索程序和文件”搜索框中输入

"cmd",敲回车,进入 DOS 环境,如图 2-3 所示。

图 2-3 运行命令

在 DOS 命令窗口中输入 ipconfig/all,可查询与本机 IP 地址相关的全部信息,如图 2-4 所示。

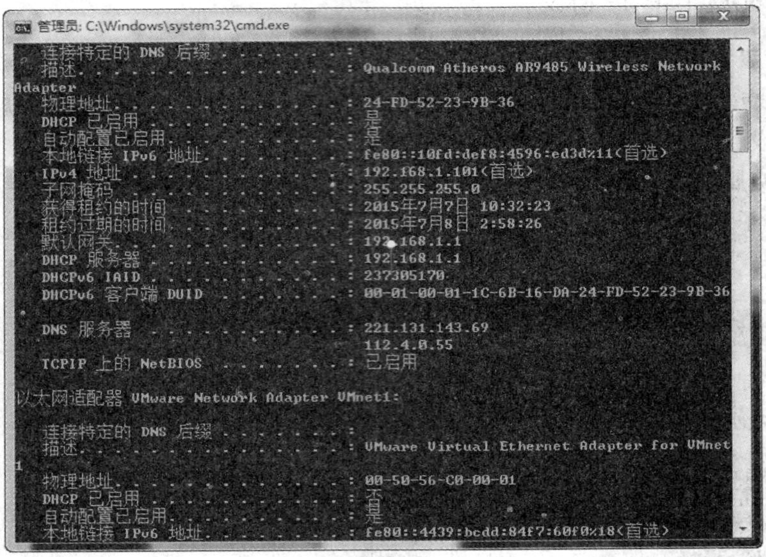

图 2-4 显示本地网络 IP 信息

输入命令 ping 127.0.0.1。屏幕上出现形如"Reply from 127.0.0.1 字节=32 时间< 1ms TTL=64"的提示,说明本机网络设置正常,如图 2-5 所示。(注意 ping 后有空格)

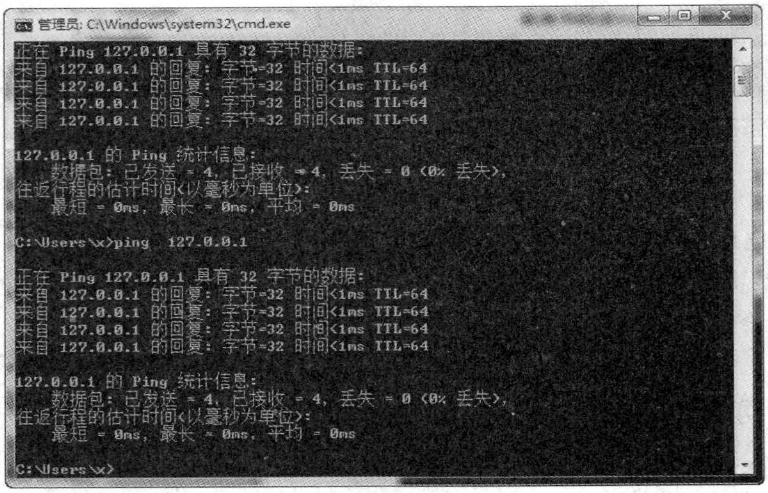

图 2-5 测试网络连通性

假定网关为 192.168.100.1,输入命令 ping 192.168.100.2,测试本机能否与网关正确连接,如图 2-6 所示。

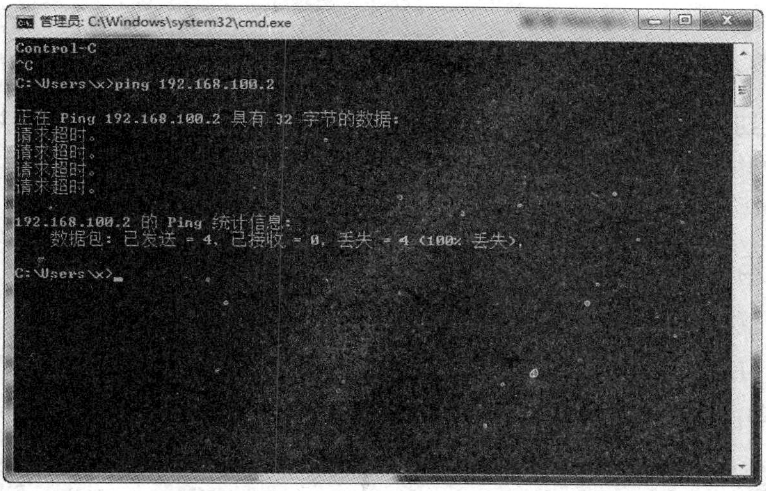

图 2-6　测试网关的连通

　　与图 2-5 对比,发现在 DOS 窗口中有"请求超时。"这样的提示,初步判定从本机到网关暂时连接不上。

◆ 知识点剖析

　　(1) TCP/IP 协议是网络互联的基础。

　　(2) 设置 IP 地址、DNS、网关等时,可以这样设置:如果是 Windows 7 操作系统,单击"开始"→"控制面板"→"查看网络状态和任务"→"更改适配器设置"→"本地连接",双击打开"本地连接属性",接下来设置 IP 地址等。

　　(3) 测试网络连通性方法之一:任务栏→"开始"→"搜索程序和文件",在"搜索程序和文件"搜索框中输入"cmd",敲回车,进入 DOS 环境,如屏幕上出现"Reply from 127.0.0.1 字节=32 时间<1ms TTL=64"的提示,说明本机网络设置正常;如显示"请求超时。",则说明网络连接异常或某个地址配置不正确。

同步练习

1. 使用 Ipconfig 命令查看本机地址、子网掩码、网关、DNS 等。

2. Ping 127.0.0.1,并测试能否连通。

3. Ping 本机地址,测试 TCP/IP 协议等是否正确安装。

4. 局域网组建后,利用 Ping 命令测试到其他机器能否到达。

5. 设置网关、DNS,如果设置不正确,会出现什么结果?

案例二　IE 浏览器的使用

案例情境

　　耿同学长期住校，他家里刚装了宽带。耿同学的家长迫切地想学习 IT，以便能赶上潮流，同时借助网络也可与耿同学经常联系。暑假里，耿同学需要教会家长一些上网的基本技能，耿同学对此充满信心。

任务 1　IE 浏览器的使用

◆ 操作步骤

　　（1）启动 IE 浏览器（以下以 IE11 为例）。单击"开始"上方的 IE 图标 ，弹出 IE 浏览器窗口。如果浏览器中的主页没有设置，则如图 2-7 所示。

图 2-7　IE 浏览器主窗口

　　（2）在该窗口地址栏中输入地址 http://www.sohu.com，敲回车键，如图 2-8 所示。

图 2-8　IE 浏览器地址栏

　　（3）点击地址栏左侧的"返回"或"前进"箭头 ，可浏览曾经访问过的网页。在 IE 窗口的右窗格中有历史记录，通过其可访问浏览过的网页，如图 2-9 所示。按组合键【Ctrl+H】在 IE 右侧单击"今天"即可查阅访问历史记录，回访当天已浏览网页（若按下组合键【Ctrl+Shift+H】，则在 IE 左侧出现访问历史记录）。

图 2-9　IE 浏览器中的历史记录

（4）当需要把某个网页收藏时，可在网页的浏览区域，单击右键→"添加到收藏夹"→点击"添加"按钮，如图 2-10 所示。

图 2-10　添加网站至收藏夹

（5）设置文字大小：在 IE 标题栏右击→"菜单栏"，点击"查看"下拉菜单→"文字大小"→"中"，如图 2-11 所示。

（6）在 IE 浏览器中，单击"工具"栏下拉菜单→"Internet 选项"。"常规"选项卡可设置主页，也可以删除浏览记录或设置网页保存在历史记录中的天数。"常规"选项卡中还可以设定颜色、语言、字体、辅助功能等,如图 2 - 12 所示。

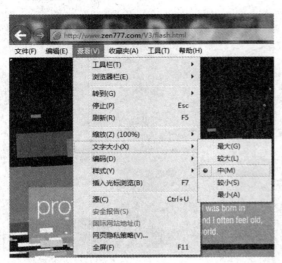

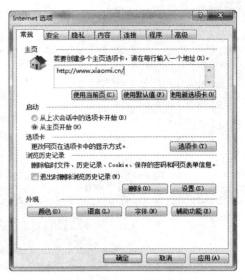

图 2 - 11 设置网页文字大小   图 2 - 12 Internet 选项-常规

(7)点击"安全"选项卡→点击"Internet"区域图标,根据自己的情况选择安全级别、添加可信任站点、设置受限制站点等。注意对话框中的提示,如图 2 - 13 所示。

图 2 - 13 Internet 选项-安全

任务 2 搜索引擎的应用

◆ 操作步骤

(1)在 IE 浏览器地址栏中输入 http://www.baidu.com,敲回车键进入百度网站首页,如图 2 - 14 所示。

图 2-14　百度首页

（2）在搜索文本框中输入关键词"三联生活周刊微信"，敲回车键或点击"百度一下"按钮，可搜索到非常多的记录。点击其中一条，显示三联生活周刊公众账号等信息，如图2-15所示。

图 2-15　搜索关键词后的页面

此外，还可利用百度首页中的"新闻""视频"等分类搜索，实现更为专业的检索。

（3）点击百度首页右上角的"视频"→"高级搜索"，可进行精确搜索，如图2-16所示。

图 2 - 16 "高级搜索"界面

(4) 给出不同的搜索条件,可以进行更加精确的搜索,如图 2 - 17 所示。

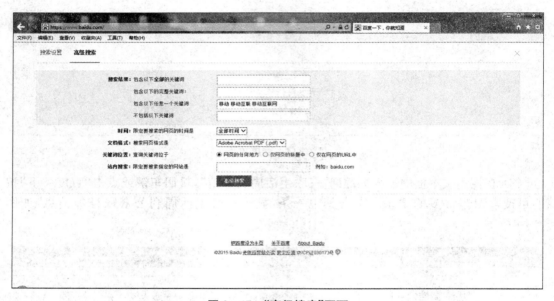

图 2 - 17 "高级搜索"页面

◆ **知识点剖析**

(1) 访问浏览器。在浏览器"地址栏"输入 URL,敲回车或刷新页面即可。例如,在 IE 地址栏中输入 http://www. qq. com,敲回车键,访问腾讯官网。

(2) 借助历史记录访问网页。按下【Ctrl+H】或组合键【Ctrl+Shift+H】,点击相应历史记录网页访问已浏览网页。

(3) 网页浏览时,IE 中单击右键→"添加到收藏夹"→点击"添加",将经常访问的网页添加至"收藏夹"中。

(4) 若访问网页时出现乱码,则可以通过 IE 的"编码"来解决。例如,IE 标题栏右击→"菜单栏"→"查看"→"编码"→"简体中文";调整页面字体大小的操作方法有:点击"查看"下拉菜单→"文字大小"→"中"。

(5) "Internet 选项"能够让用户设置主页等,设置后浏览器一打开,就能显示该"主页"。例如设置"网易科技"为主页,方法为:单击 IE 右上角"设置"→"Internet 选项"→"常规"→"主页"→http://tech. 163. com→"确定"。"安全"选项可设置网站在访问时的安全级别等,"设置"→"Internet 选项"→"安全"→"高"/"中–高"/"中"。

(6) 在使用搜索引擎时关键要给出合适的检索词,然后再点击"搜索"按钮。例如:打开搜索引擎→长搜索框→输入关键词→"憨豆先生"→检索出相关网页。

同步练习

1. 列举一些知名网站,访问知名的门户网站。
2. 今天曾经访问过的网页是哪些? 请截图。
3. 你平时最喜欢访问哪个网站? 请收藏该网站。
4. 网页访问时出现了乱码,怎么解决? 字体太小,看不清网页内容,如何调整?
5. 打开 IE 浏览器后即显示百度网站首页。
6. 在搜索引擎输入你的姓名,看看检索后会显示什么结果。
7. 使用百度的高级搜索,检索所有与"宪法"有关的 doc 文档。

案例三　网络与生活

案例情境

305 宿舍的同学都是大一新生,刚入校,几位同学就打算购买一些 IT 产品,包括蓝牙音箱,路由器等。经过与实体店的比较,同学们计划在互联网上购买上述产品。在购置完上述产品后,几位同学将会借助笔记本电脑之类的 IT 设备来丰富自己的业余生活。

任务 1　网上购物

◆ 操作步骤

1. 网上购物

方式一:使用搜索引擎网站中的购物站点购物。在 IE 浏览器地址栏中输入 http://zdm.baidu.com,出现如图 2-18 所示的页面。(此页面即时更新,实际操作时会有不同)

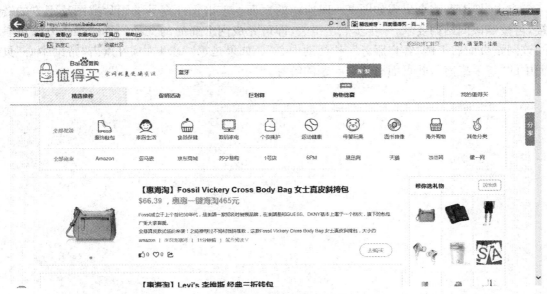

图 2-18　"百度购物"页面

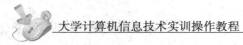

　　在搜索框中输入"蓝牙",点击"搜索",显示各类"蓝牙"产品的页面,价格也在其中,如图 2－19 所示。单击任意一款产品的链接即可进入该产品的购物页面。

图 2－19　"蓝牙设备的搜索"页面

　　方式二:直接访问电子商务网站,比如京东网。在 IE 地址栏中输入 http://www.jd.com。在搜索文本框中输入你想购买的商品,例如"路由器",如图 2－20 所示。

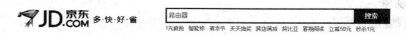

图 2－20　电商网站搜索框

　　点击"搜索",将会出现如图 2－21 所示的页面。点击每件商品的图片或图片下方的链接,再按照该网站的要求,一步步点击下去,即可完成网上商品的交易。具体操作方法可参阅该网站页面右上侧"客户服务"→"帮助中心"。如果是第一次购物,可点击"帮助中心"页面中的"新手指南",此页面有相关问题的解答。

图 2‑21　搜索商品后的页面

任务 2　在线听音乐

◆ **操作步骤**

(1) 在 IE 浏览器地址栏中输入 http://www.sogou.com，进入搜狗网站首页，点击"音乐"，如图 2‑22 所示。

图 2‑22　搜狗网站首页

(2) 进入"音乐"搜索页面，在搜索框中输入待搜索的曲目，例如"中阮"，如图 2‑23 所示。

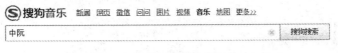

图 2‑23　"乐曲搜索"页面

(3) 点击"搜狗搜索"或直接敲回车键，出现如图 2‑24 所示页面。选取想听的曲目，点击曲目列表左侧的复选框，再点击页面下方的"播放选中曲目"，或直接点击右侧的播放按钮,即可收听在线音乐,如图 2 - 25 所示。

图 2 - 24　乐曲搜索后的页面

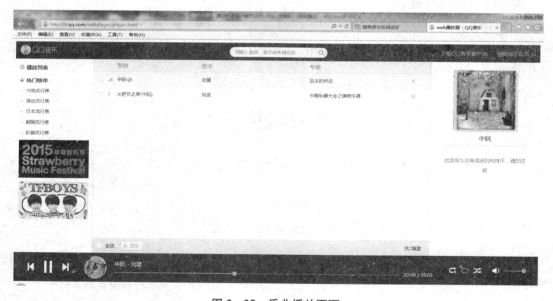

图 2 - 25　乐曲播放页面

任务 3　在线看地图

◆ **操作步骤**

(1) 进入腾讯地图首页 http://map.qq.com。在长文本框中输入地名"颐和路",点击右侧的"放大镜"或敲回车键,搜索到相关地图信息。点击"街景",再点击"蓝色道路",进入街景地图,如图 2 - 26 所示。

图 2 - 26 是与关键词"颐和路"有关的信息显示页面。页面右下侧是缩略地图信息,这里的地图可放大亦可缩小。利用腾讯地图还可以查看地形图、卫星图,测量出发地到目的地的距离,查询公交路线等。由此可见,网上地图的功能十分强大。

图 2 - 26　街景地图

◆ 知识点剖析

(1) 在电子商务网站中搜索商品的方法与"搜索引擎网站"的使用方法相似。例如,在京东网购买"蓝牙耳机"。IE 浏览器→"京东网"→搜索框→输入关键词"蓝牙耳机"→检索相关商品记录→挑选满意的商品→购物流程页面等→付款→网上购物完成。

(2) 搜索引擎如有"音乐"频道,通常是支持音乐曲目检索的。点击"音乐"频道→输入曲目名或歌手名→点击"播放"按钮或页面下方的"播放选中曲目"→收听在线乐曲。

(3) 在线地图提供出行路线查询、公交出行方案等服务。街景地图是近年来流行的技术,它让用户看到街道的全景,相比平面、三维地图更加直观,用户的体验感更好。在线地图使用方法与搜索引擎其他方法类似。例如,打开"在线地图地址"→搜索框中输入地址→"江南水师学堂"→检索到符合要求的记录→点击"地图/地形/卫星"以不同状态显示地图,而点击"街景"→街景模式,即以实景状态显示地图信息,前提是查询地点需有实景数据。

同步练习

1. 选择一款自己满意的笔记本电脑,并将多个品牌、型号、价格等作对比。

2. 了解购物网站中的帮助,熟悉网上购物的流程。

3. 借助音乐搜索,找到《八月照相馆》这首曲目并播放它。如果该乐曲有多个版本,请试着对比不同版本播放时的音质。

4. 使用在线地图查询武汉至拉萨的行进路线。

5. 查询苏州火车站至世博园的公交路线。

6. 截取"三清山风景区"的全景地图。

案例四　使用电子邮件

案例情境

181101班的五位同学完成了随堂作业，而他们的指导老师因公事出差，课后暂时离开学校。指导老师要求这五位同学将随堂作业以电子邮件的形式发给她。指导教师将依据几位同学发来的作业，给出评分。

任务　收发电子邮件

◆ 操作步骤

电子邮件又称 E-mail。收发电子邮件要用到电子邮箱，用户可以向 ISP（互联网服务供应商）或门户网站等申请注册。每个电子邮箱都有一个唯一的邮件地址，发邮件时必须指明接收方的电子邮箱地址。如用户在搜狐的邮箱名是 netjn2015，则电子邮箱地址是 netjn2015@sohu.com。

1. 申请免费电子邮箱

（1）启动 IE 浏览器。在地址栏中输入 http://mail.sina.com.cn，如图 2-27 所示。

图 2-27　"邮箱登录"页面

（2）点击"免费邮箱登录"→"注册"，可见到如图 2-28 所示的页面。依次输入邮箱地址、密码（密码按要求输入，若密码过于简单，将导致注册无法通过）、验证码等，最后点击"立即注册"。

图 2 – 28　注册免费电子信箱

假设你此次注册的邮箱地址为 netjn2015，密码为 netjn2015-2015，则你的电子邮箱为 netjn2015@sina.com。邮箱注册成功后，即可使用该邮箱收发你的电子邮件。

2. 收发邮件

(1) 在 IE 浏览器地址栏中输入"http://mail.sina.com.cn"，按回车键，进入新浪邮箱界面。

(2) 在"免费邮箱登录"栏中输入用户名或手机号、登录密码，单击"登录"转入电子邮件管理界面(也可用微博账号登录)，如图 2 – 29 所示。

图 2 – 29　"电子邮箱管理"界面

（3）发送邮件。单击左侧窗口中的"写信"。在"收件人"地址栏中,输入收信人的电子邮箱地址。若同时有多个收件人,信箱地址间用","号隔开。"主题"栏输入邮件的标题,在"正文"中书写邮件内容。若有图片及其他文件要发送,则点击"添加附件",选择待发送文件即可,如图 2 - 30 所示。

图 2 - 30　发送电子邮件

（4）点击"发送"按钮,邮件立即被发送。点击"收信"按钮,可查询最新邮件。

◆ **知识点剖析**

（1）首先申请电子邮箱,这是收发电子邮件的前提。在门户网站上即可申请免费电子邮箱。启动"IE"→在地址栏输入"邮件服务器地址",比如:http://mail. sina. com. cn。点击"免费信箱登录"→"注册"→用户名:netjn2015,密码:netjn2015-2015 通过认证→点击"立即注册"→注册成功→邮箱名为 netjn2015@sina. com。

（2）进入邮箱服务器,输入用户名"netjn2015",密码"netjn2015-2015"→验证通过登录成功。

（3）发送邮件与接收邮件。选择"写信"按钮→"收件人"地址栏→输入接收方邮箱地址,如 007 @abc. com,若同时发送、抄送多人,邮件地址间用","隔开→输入"主题"→填写"正文"→如有图片、音频、视频等→"添加附件"→点击"发送"按钮,对方用户很快就能收到邮件→点击"收信"按钮→接收新邮件。

同步练习

1. 给任课教师发一封电子邮件,简要介绍一下自己。

2. 发送一封贺卡,同时抄送给多位同学或好友。

3. 在邮件正文部分用自己的语言描述"五岳",附件为"五岳.˙rtf"(附件可借助搜索引擎检索),最后发送给任课教师。

案例五　网络常用工具软件的使用

案例情境

罗同学是位电脑发烧友，出于好奇心，他很想了解隐藏在 CPU 中的奥秘。于是他决定下载 CPU-Z 检测软件，仔细查阅 CPU 类别、名称、核心频率、BIOS 种类等参数，较为系统地学习下 CPU 的相关知识。

下载并使用 CPU-Z 软件后，罗同学觉得这款软件挺实用。他想把自己的体验与大家共享。这次他选择微信电脑版，借助微信与他的好友们交流经验，并共享资源。

罗同学最近在学习 Unix。他检索到 FTP 站点中有 Unix-like 资源，Unix 也是他的学习兴趣点之一。他在找到一个相关的 FTP 站点之后，下载了他需要获取的文件。

任务 1　文件下载工具的使用方法

◆ **操作步骤**

1. 使用迅雷

（1）迅雷软件的安装

登录迅雷官方网站 http://www.xunlei.com，选择本地下载迅雷软件。下载完成后，双击 Thunder.exe 文件（若下载的是打包文件则需解压缩），按提示步骤安装迅雷软件。

（2）使用迅雷下载各类软件

利用前述的任意一种搜索引擎，搜索软件"CPU-Z"，如图 2 - 31 所示。

图 2 - 31　"CPU-Z"的搜索页面

（3）点击第 1 条检索记录，点击 CPU-Z 图标，打开相应页面。从"高速下载"或"普通下载"等下载链接中任选一个单击，进入下载页面。或者右键快捷菜单→单击"使用迅雷下

载",如图 2 - 32 所示。

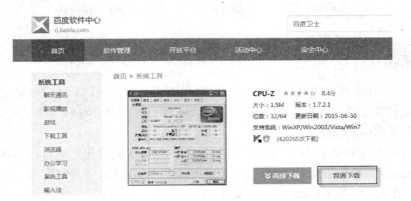

图 2 - 32 使用迅雷下载文件

（4）弹出下载对话框，如图 2 - 33 所示。可先改变存储路径，然后点"立即下载"或"空闲下载"进入下载状态。CPU-Z 下载文件的界面如图 2 - 34 所示。

图 2 - 33 "下载任务"对话框

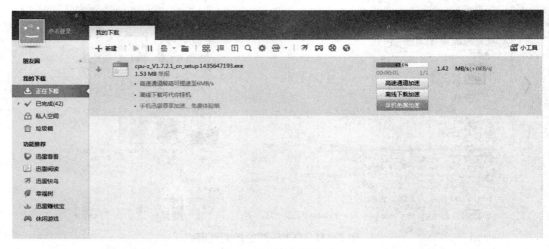

图 2 - 34 软件下载中

任务 2　使用即时通信工具

◆ 操作步骤

微信是时下流行的一款跨平台的通信工具,它有移动终端、网页、Windows 等版本,可发送语音、文字、图片、文件等信息,使用方便,得到很多用户尤其是青年群体的认可。在申请并获得一个微信号后,即可在电脑中使用微信。首先下载"微信 For Windows"或"微信电脑版",下载微信软件后安装。打开手机等移动终端的微信,扫描微信电脑版中的二维码,再点击微信电脑版中的"登录",即可在微信电脑版中联系你的微信好友了。登录微信电脑版后的界面,如图 2-35 所示。单击左侧需要联系的用户微信号,进入聊天状态界面,即可与对方联系,包括传递文件给对方,如图 2-36 所示。

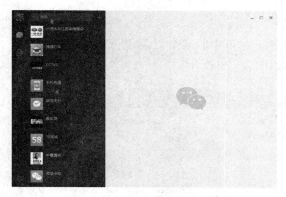

图 2-35　微信登录后的界面　　　　　图 2-36　"微信电脑版聊天"界面

任务 3　FTP 的使用

◆ 操作步骤

(1) 将鼠标移至"开始"菜单处,右击弹出快捷菜单→单击"打开 Windows 资源管理器",如图 2-37 所示。

图 2-37　打开 Windows 资源管理器

(2) 在"资源管理器"窗口的地址栏输入 FTP 地址 ftp://ftp.nsysu.edu.tw,敲回车键或点击地址栏右侧的 ，"刷新"进入台湾中山大学 FTP 站点,如图 2-38 所示。

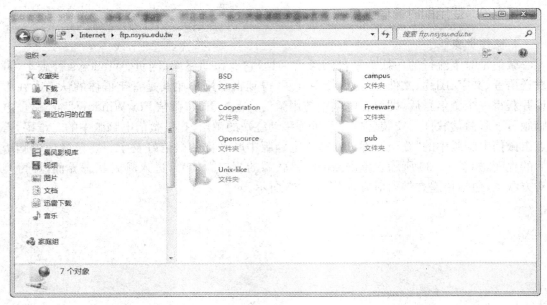

图 2 - 38　进入 FTP 站点

（3）若要下载某个 FTP 站点中的文件，先进入站点中的某个目录，找到该文件，点击右键→"复制"→"粘贴"该文件至本地磁盘即可，如图 2 - 39 所示。

图 2 - 39　复制 FTP 站点中的文件

▶ **提示：**

（1）一般情况下，用户登录 FTP 服务器时，需输入用户名及密码，如图 2-40 所示。依据用户的权限，确定该用户能否上传、下载文件等。

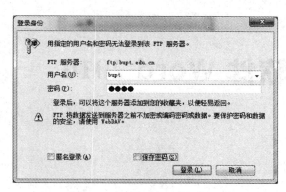

图 2-40　登录 FTP 服务器

（2）以"匿名"方式登录 FTP 服务器时，无需获得该服务器的用户名及密码，即可访问 FTP 服务器中的资源，但用户往往只可查看或下载文件。

◆ **知识点剖析**

（1）下载软件资源如"CPU-Z"。首先登录迅雷官网或搜索引擎网站搜索"迅雷"软件，下载"迅雷"并安装。接下来搜索"CPU-Z"资源→搜到后，右键"使用迅雷下载"→"选择其他目录"→"立即下载"→解压缩"CPU-Z"或双击"CPU-Z"可执行文件直接安装。

（2）使用即时通信工具，比如"微信"。注册"微信号"→下载"微信电脑版"→安装"微信电脑版"→登录"微信电脑版"→点击"好友"→联系好友→传递文件/文字/图片/语音等。

（3）访问 FTP 资源。"资源管理器"→"地址栏"→输入"FTP 服务器地址"→输入合法用户名、密码登录，或以"匿名"（anonymous）方式登录→通过验证→访问 FTP 资源→右键→"复制"→下载资源至本地机硬盘。在 FTP 服务器中下载资源如同使用本地磁盘资源一样方便。

同步练习

1. 下载"驱动精灵"，安装并使用该"驱动精灵"。

2. 分别使用"微信"移动终端版、网页版、电脑版，对比一下，这三个版本各有什么特点？再对比其他即时通信工具，他们各有什么优势？

3. 试访问北京大学 FTP 站点。

第3章
文字处理软件 Word 2010

 学习目标

    Word 2010 是微软公司的 Office 2010 系列办公组件之一,是目前世界上最流行的文字编辑软件,适于制作各种文档,如信函、传真、公文、报刊、书刊和简历等。Word 2010 不仅改进了一些原有的功能,而且添加了不少新功能。与以前的版本相比较,Word 2010 的界面更友好、更合理,功能更强大,为用户提供了一个智能化的工作环境。通过本章学习,用户能够熟练掌握常见办公文档的编辑排版工作。

 本章知识点

1. 文字编辑:文字的增、删、改、复制、移动、查找和替换;文本的校对;
2. 页面设置:页边距、纸型、纸张来源、版式、文档网格、页码、页眉、页脚;
3. 文字段落排版:字体格式、段落格式、首字下沉、边框和底纹、分栏、背景、应用模板;
4. 高级排版:绘制图形、图文混排、艺术字、文本框、域、其他对象插入及格式设置;
5. 表格处理:表格插入、表格编辑、表格计算;
6. 文档创建:文档的创建、保存、打印和保护。

 重点与难点

1. 文本的增加、删除、修改、复制、移动、查找和替换等编辑工作;
2. 文字、段落及页面的排版操作;
3. 文字、段落及页面格式的设定;
4. 图片、艺术字、文本框、自选图形等对象的使用及格式的设定;
5. 表格的处理;
6. 粘贴和选择性粘贴的使用。

案例一　制作简易电子文档

案例情境

学院航空专业徐老师需要利用 Word 2010 文字处理软件制作一份有关神舟九号载人飞船的电子文档。他首先在新的文档中进行内容录入，并对录入的内容及文档页面进行格式设置，如图 3-1 所示，最后打印输出或保存至指定的文件目录下。

图 3-1　样张

案例素材

..\案例一\操作要求.docx

..\案例一\考生文件夹\3.1 神舟九号初探.docx

..\案例一\考生文件夹\神九.jpg

..\案例一\考生文件夹\对接.jpg

任务　制作"神舟九号初探"电子文档

打开素材文档并对其进行图文混排。

1. 启动 Word 2010,打开"3.1 神舟九号初探. docx"文档。

◆ **操作步骤**

(1) 单击 Windows"开始"菜单中的"所有程序",打开菜单中的"Microsoft Office",在其下级菜单中单击"Microsoft Word 2010",启动 Word 2010,如图 3－2 所示。

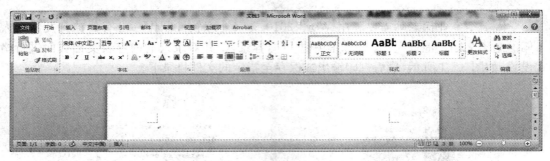

图 3－2　启动 Word 2010

(2) 单击"文件"菜单中的"打开"命令,在弹出的对话框中找到素材所在的考生文件夹,然后单击"3.1 神舟九号初探. docx",如图 3－3 所示,最后单击"打开"按钮即可。

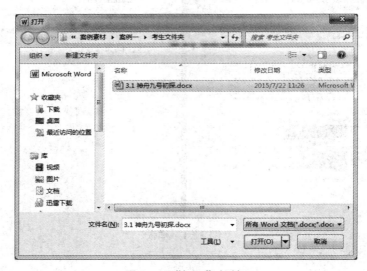

图 3－3　"打开"对话框

2. 参考样张,给文章加标题"神舟九号初探",并将标题设置为华文新魏、加粗、二号字居中对齐,字符缩放为 120%。

◆ **操作步骤**

将"插入点"定位在文档的首部,单击键盘上的【Enter】(回车)键,在文档首部空出一行,录入"神舟九号初探",选中"神舟九号初探",在功能区"开始"选项卡中修改字体为华文新魏、加粗、二号,并单击"居中"按钮,如图 3－4 所示。右击"神舟九号初探"(此时处于选中状态),在弹出的快捷菜单中单击"字体"命令,弹出"字体"对话框,单击"高级"选项卡,在"缩放"后面输入"120%",如图 3－5 所示。最后单击"确定"按钮即可。

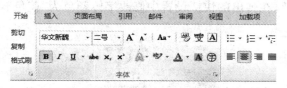

图 3 - 4　Word"开始"菜单

图 3 - 5　"字体"对话框之"高级"选项卡

3. 将正文第一段首字下沉 2 行, 距正文 0.3 厘米, 首字为楷体、蓝色。

◆ 操作步骤

(1) 选中正文第一段首字"神", 单击功能区"插入"选项卡中的"首字下沉"命令, 然后单击"首字下沉"选项, 在弹出的对话框中单击"下沉", 并设置字体为"楷体"、下沉行数为"2"、距正文"0.3 厘米", 如图 3 - 6 所示。最后单击"确定"按钮即可。

图 3 - 6　"首字下沉"对话框

（2）选中首字"神"，在弹出的快捷设置中修改字体颜色为"蓝色"，如图3-7所示。

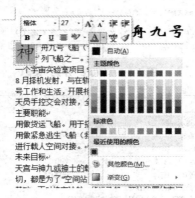

图3-7　设置字体颜色

4. 参考样张，在正文第一段前插入图片"神九.jpg"，高度和宽度均为30%。

◆ **操作步骤**

（1）将"插入点"置于文章标题的末尾，单击键盘上的【Enter】（回车）键，使得文档标题与正文之间空出一行，然后单击功能区"插入"选项卡中的"图片"命令，在弹出的对话框中找到素材所在的考生文件夹，然后单击"神九.jpg"，如图3-8所示。最后单击"插入"按钮即可。

图3-8　"插入图片"对话框

（2）右击图片"神九.jpg"，在弹出的快捷菜单中单击"大小和位置"命令，然后在弹出的"布局"对话框中，修改高度和宽度均为30%，如图3-9所示。最后单击"确定"按钮即可。

图 3 - 9　"布局"对话框

5．正文其余各段首行缩进 2 个字符。

◆ **操作步骤**

选中除正文第一段以外的所有段落，右击选中的内容，在弹出的快捷菜单中选择"段落"命令，弹出"段落"设置对话框，在"特殊格式"中选择"首行缩进""2 字符"，如图 3 - 10 所示。最后单击"确定"按钮即可。

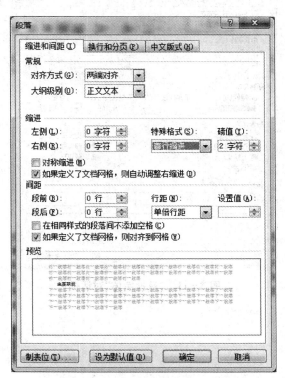

图 3 - 10　"段落"对话框

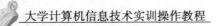

6. 参照样张,将正文(不含标题)中的所有"神舟"设置为红色、加粗、加着重号。

◆ **操作步骤**

单击功能区"开始"选项卡中的"替换"命令,弹出"查找和替换"对话框,在"查找内容"和"替换为"中均录入"神舟",单击"更多"按钮,然后选中"替换为"中的"神舟",单击"格式"按钮,选择"字体"命令,在弹出的"替换字体"对话框中设置红色、加粗、加着重号,如图 3 - 11 所示。单击"确定"按钮返回"查找和替换"对话框,如图 3 - 12 所示。最后单击"全部替换"按钮即可。

> ▶ **提示:**
>
> 当用户单击"全部替换"按钮后,会造成文档的正文及标题中相应的文字被替换成题目要求的格式,往往用户只希望替换正文中相应的文字,而不希望替换标题中相应的文字,这时应该怎么办?我们可以使用"格式刷"快速地恢复标题中被替换文字的格式(格式刷使用方法:就本案例而言,先选中标题中除"神舟"以外的其他全部或部分文字,然后单击功能区"开始"选项卡中的"格式刷"命令,此时光标旁会出现一把刷子,拖动鼠标选中标题中的"神舟"即可将它恢复为原来的格式)。

图 3 - 11 "替换字体"对话框

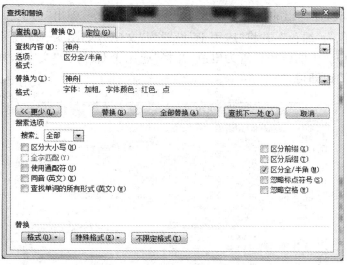

图 3 - 12　"查找和替换"对话框

> ▶ **提示：**
>
> 　　如图 3 - 12 中"查找内容"和"替换为"下方均有"格式："，正确的设置应该是"查找内容"下方的"格式："为空，"替换为"下方的"格式："对应题目的要求。若遇到格式设置颠倒或者设置错误，请直接使用此对话框下方的"不限定格式"按钮，取消已设定的格式，然后按照题目要求重新设置。

　　7. 参考样张，将正文的"主要职能""未来目标""手动对接操作精细""太空驻留时间长""女航天员是否登场已定"等五段设置段前 6 磅，绿色阴影边框、橙色底纹。

　　◆ 操作步骤

　　(1) 首先选中"主要职能"，然后按住【Ctrl】键并选中"未来目标"，再按住【Ctrl】键并选中"手动对接操作精细"……以此类推，将这五个段落都选中，右击其中一个段落，在弹出的快捷菜单中单击"段落"命令，弹出"段落"对话框，将"段前："后面的"0 行"改为"6 磅"（由于度量单位更换，这里的"磅"需要手动输入，不能省略），如图 3 - 13 所示。最后单击"确定"按钮即可。

　　(2) 确保这五个段落处于选中状态（若未选中，请使用上一步中的方法），单击功能区"开始"选项卡中"下框线按钮"

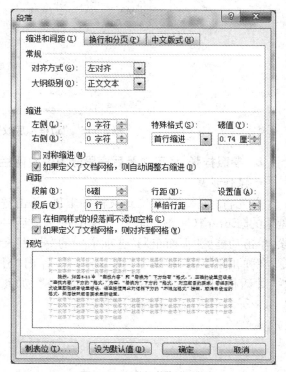

图 3 - 13　"段落"对话框

旁的三角箭头,在弹出的菜单中单击"边框和底纹"命令,弹出"边框和底纹"对话框,单击"阴影"设置颜色为"绿色",并将"应用于"设置为"文字",如图 3-14 所示。然后单击"底纹"选项卡,将"填充"中的颜色设置为橙色,并将"应用于"设置为"文字",如图 3-15 所示。最后单击"确定"按钮即可。

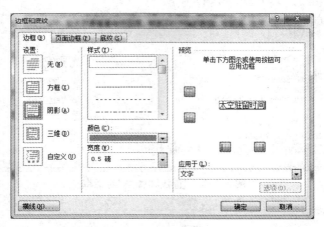

图 3-14 "边框和底纹"对话框之"边框"

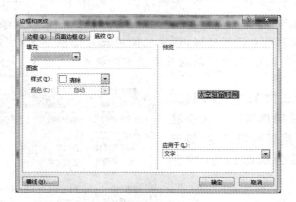

图 3-15 "边框和底纹"对话框之"底纹"

8. 参照样张,将正文最后一段分为偏左两栏,栏间加分隔线。

◆ 操作步骤

首先将"插入点"定位到文档的末尾,单击键盘上的【Enter】(回车)键,然后选中正文最后一段,单击功能区"页面布局"选项卡中的"分栏"命令,在弹出的菜单中单击"更多分栏",弹出"分栏"对话框,单击"左",并勾选"分隔线",如图 3-16 所示。最后单击"确定"按钮即可。

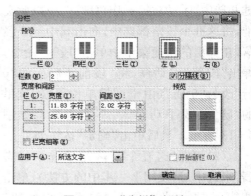

图 3-16 "分栏"对话框

9. 参考样张,在正文中插入图片"对接.jpg",高度 4 厘米、宽度 5 厘米、四周型环绕。

◆ **操作步骤**

(1) 首先将"插入点"定位到文档适当的位置,然后单击功能区"插入"选项卡中的"图片"命令,在弹出的对话框中找到素材所在的考生文件夹,然后单击"对接.jpg",如图 3 - 17 所示。最后单击"插入"按钮即可。

图 3 - 17　"插入图片"对话框

(2) 右击图片,在弹出的快捷菜单中单击"大小和位置"命令,弹出"布局"对话框,取消勾选的"锁定纵横比",并将高度设置为 4 厘米、宽度设置为 5 厘米,如图 3 - 18 所示。然后单击此对话框的"文字环绕"选项卡,选择"四周型"环绕方式,如图 3 - 19 所示。单击"确定"按钮即可,最后拖动图片,使其所在的大致位置与样张接近。

图 3 - 18　"布局"对话框之"大小"选项卡

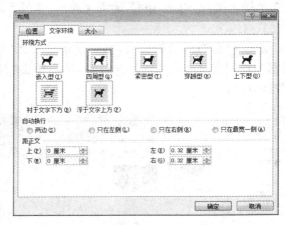

图 3–19 "布局"对话框之"文字环绕"选项卡

10. 参考样张,为正文"主要职能"下方的三个段落设置红色"1)、2)、3)"编号。

◆ **操作步骤**

选中正文"主要职能"下方的三个段落,右击选中的内容,在弹出的快捷菜单中单击"编号",然后在"编号库"中选择"1)、2)、3)",此时在这三个段落前面出现黑色的"1)、2)、3)"编号。右击选中的内容,在弹出的快捷菜单中单击"编号",然后单击"定义新编号格式",在弹出的对话框中单击"字体"按钮,将颜色设置为"红色",单击"确定"按钮返回如图 3–20 所示的对话框。最后单击"确定"按钮即可。

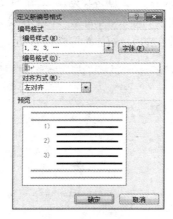

图 3–20 "定义新编号格式"对话框

11. 参考样张,在正文适当的位置插入"爆炸型 2"的自选图形,添加文字"突破",设置自选图形填充颜色为橙色、线条颜色为深红色,紧密型环绕。

◆ **操作步骤**

(1) 参考样张,将"插入点"定位到正文第二页适当的位置,然后单击功能区"插入"选项卡中的"形状"命令,在弹出的菜单中选择"爆炸型 2",如图 3–21 所示。此时鼠标变成"十"形状,在文中适当的位置拖动鼠标即可绘制"爆炸型 2",修改"绘图工具-格式"选项卡的"形状填充"颜色为橙色、"形状轮廓"颜色为深红色,如图 3–22 所示。

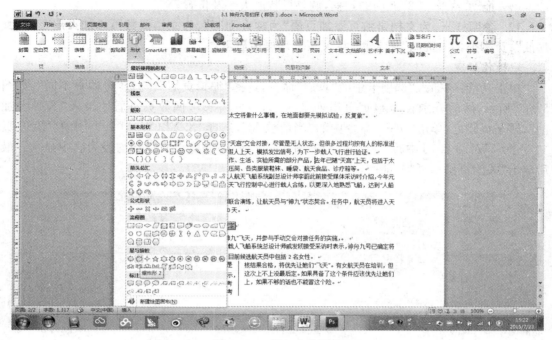

图 3-21 插入自选图形

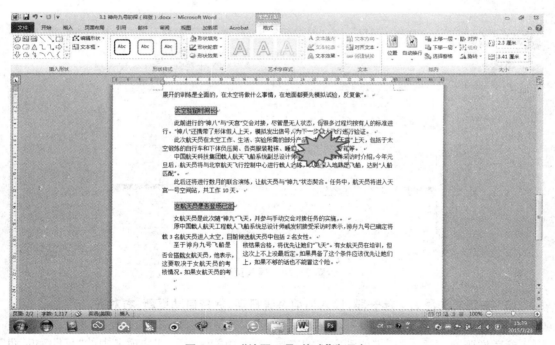

图 3-22 "绘图工具-格式"选项卡

（2）右击"爆炸型 2"，在弹出的快捷菜单中单击"其他布局选项"命令，在如图 3-19 所示的对话框中选择"紧密型"。

（3）右击"爆炸型 2"，在弹出的快捷菜单中单击"添加文字"命令，录入"突破"。

（4）拖动"爆炸型 2"四周的句柄，调整形状的大小及位置。

12. 参照样张，为文档奇数页添加页眉"为神九喝彩"，为文档偶数页添加页眉"为神女加油"，页脚处插入页码"第 X 页，共 Y 页"，均居中显示。

◆ 操作步骤

单击功能区"插入"选项卡中的"页眉"命令，选择"编辑页眉"，勾选"奇偶页不同"，如图 3－23 所示，然后分别在奇数页页眉处录入"为神九喝彩"，偶数页页眉处录入"为神女加油"；转至页脚处，单击"页码"命令中的"当前位置"，选择"X/Y"（Word 2003 中为"第 X 页共 Y 页"，Word 2010 中改为"X/Y"），如图 3－24 所示，并将页眉页脚均设为居中显示。最后单击"关闭页眉和页脚"即可。

图 3－23　设置页眉为"奇偶页不同"

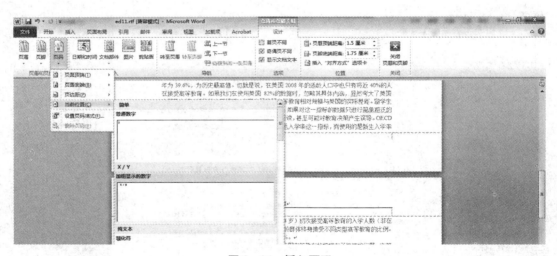

图 3－24　插入页码

13. 在正文的最后另起一段，插入当前系统日期，保持自动更新，右对齐。

◆ 操作步骤

参考样张，将"插入点"定位到文档的末尾，单击功能区"插入"选项卡中的"日期和时间"命令，在弹出对话框中选择一种日期格式（本案例使用"××××年××月××日"），然后勾选"自动更新"，如图 3－25 所示，单击"确定"按钮即可。然后单击功能区"开始"选项卡中"右对齐"命令，使得日期靠右显示。

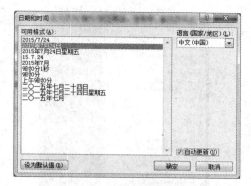

图 3 - 25　"日期和时间"对话框

14. 将编辑好的文件以文件名：DONE_1，文件类型：RTF 格式（＊.RTF）保存到考生文件夹。

◆ **操作步骤**

单击"文件"菜单中的"另存为"命令，在弹出的对话框中，将"保存位置"定位到"考生文件夹"，修改"文件名"为 DONE_1，修改"保存类型"为 RTF 格式（＊.RTF），如图 3 - 26 所示。最后单击"保存"按钮即可。

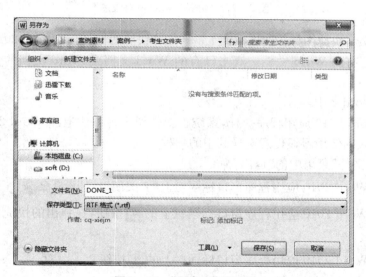

图 3 - 26　"另存为"对话框

◆ **知识点剖析**

1. 启动文字处理软件 Word 2010

启动 Word 2010 有很多方式，常用的主要是以下三种：

（1）利用"开始"菜单。单击"开始"菜单中的"所有程序"，打开菜单中的"Microsoft Office"，在其下级菜单中单击"Microsoft Word 2010"，启动 Word 2010，如图 3 - 27 所示。

图 3-27 "开始"菜单"所有程序"

（2）利用桌面快捷图标。双击桌面上的 Word 快捷图标，启动 Word 2010。

（3）利用已有的 Word 文档。双击已有的 Word 文档或 Word 文档的快捷方式，启动 Word 2010。

2. 退出 Word 2010

同启动 Word 2010 应用程序一样，系统也提供了多种方法退出 Word 2010 应用程序，用户可根据个人的使用习惯任意选择其中的一种方式。

（1）单击"文件"菜单中的"退出"命令。

（2）单击 Word 2010 应用程序窗口标题栏上的"关闭"按钮　✕　。

（3）单击 Word 2010 应用程序窗口标题栏上的　按钮，在弹出的快捷菜单中选择"关闭"命令。

（4）双击 Word 2010 应用程序窗口标题栏上的　按钮。

（5）使用系统提供的快捷键：【Alt＋F4】。

执行退出操作之前，如果文档窗口的内容自上次存盘后又发生了更新，系统将会弹出如图 3-28 所示的对话框。提示用户保存或取消对文档的修改，单击"是"按钮将保存修改，单击"否"按钮将取消修改，单击"取消"按钮则退出操作被中止。

图 3-28 "是否保存"对话框

3. Word 2010 的操作环境

启动 Word 2010 后,屏幕上会出现 Word 2010 的工作界面,如图 3-29 所示,包括标题栏、功能区、状态栏和文档工作窗口等部分。

图 3-29　Word 2010 工作界面

(1) 标题栏

标题栏位于窗口的最上方,包括四个部分,其最左边的按钮是 Word 的控制菜单图标,单击后弹出控制菜单,用于控制窗口最大化、最小化、关闭等操作;紧随其后的是快速访问工具栏,包含了"保存""撤消""重复""新建"等常用命令,用户可根据使用习惯自定义快速访问工具栏中的命令按钮;标题栏中间部分显示的是正在编辑的文档的文件名以及所使用的软件名;标题栏的最右边是用于控制窗口最大化、最小化、还原、关闭等操作的控制按钮。

(2) 功能区

功能区位于标题栏下方,包含了"文件""开始""插入""页面布局""引用""邮件""审阅""视图""加载项"等选项卡,每个选项卡中包含了各种常用的命令,类似于早期版本的"菜单"或"工具栏"。

(3) 文档编辑区

文档编辑区是指窗口中间白色的空白区域,类似于日常生活中的纸张,用户可以在该区域对文档的内容进行各种操作,例如录入文本、插入图片、编辑文本格式等,其中有一条闪烁的竖线"|",称为"插入点",用户输入的任何文本会出现在"插入点"左侧。

(4) 滚动条

滚动条位于文档编辑区的右边和下面,分别称为垂直滚动条和水平滚动条。当文档内容篇幅较大、不能全部显示时,可以通过滚动操作进行查看。

（5）标尺

标尺位于文档编辑区的左边和上方，分别称为垂直标尺和水平标尺，通过标尺可以看出纸张的大小及页边距的大小，拖动标尺上的功能块可以调整页边距的大小，也可调整段落缩进等。

（6）状态栏

状态栏位于 Word 窗口的底部，用于显示当前正在编辑的文档的相关信息，例如文档的页号、字数等一些操作时提示性的信息。

（7）视图切换按钮

视图切换按钮位于状态栏的右边，Word 提供了 5 种不同的视图方式，包括页面视图、阅读版式视图、Web 版式视图、大纲视图和草稿。

页面视图是 Word 2010 默认的视图模式，这种模式下将显示文档编排的各种效果。此视图模式下文档的浏览效果与实际打印的效果相同，体现出 Word"所见即所得"的特性。

阅读版式视图的目标是增加可读性，文本是采用 Microsoft ClearType 技术自动显示的。可以方便地增大或减小文本显示区域的尺寸，而不会影响文档中的字体大小。如果你打开文档是为了进行阅读，阅读版式视图将优化阅读体验。

Web 版式视图是一种模仿 Web 浏览器来显示文档的一种视图模式。此视图模式下，编辑或浏览 Web 页面效果最好，文本为适应窗口的变化而自动换行调整，图片的位置与在 Web 浏览器中的位置保持一致。

大纲视图主要用于显示文档的结构。这种视图模式下，文档标题的层次关系很清晰，用户可以通过标题左侧的"＋"标记展开或折叠文档，对各级标题可灵活使用，并且可以通过拖动标题来移动、复制或重组文档。

草稿视图通常用于录入文档，对页面格式及页面布局进行了简化，隐藏了页边距、页眉、页脚、浮动图形及背景等元素。多栏显示为单栏的形式，在页与页之间用一条虚线表示分页符，在节与节之间用双行虚线表示分节符。

（8）缩放滑块

缩放滑块位于视图切换按钮的右边，用于调节文档的显示比例。

4. 创建新文档

Word 2010 应用程序启动时会自动创建一个名为"文档 1"的空白文档，但这不代表每次创建一个新文档都必须要重新启动 Word 2010。Word 2010 中提供了以下几种创建新文档的方法：

（1）单击"文件"菜单的"新建"命令，在"新建"面板中，双击某一种文档或模板即可完成创建，用户可根据实际的需求选择"空白文档""博客文章""书法字帖"等；也可以先选中某种类型的文档或模板，然后单击"创建"按钮，如图 3-30 所示。

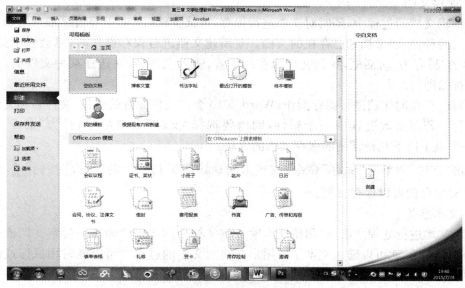

图 3‑30　"新建"面板

（2）单击快速访问工具栏上的"新建文档"按钮，可以创建新的空白文档。

（3）按下【Ctrl＋N】组合键可以创建新的空白文档。

5．打开文档

对于任何文档，用户必须先打开，才能对其进行编辑、修改等操作。Word 2010 中提供了几种打开文档的方法。

单击"文件"菜单的"打开"命令，或单击快速访问工具栏上的"打开"按钮，或按下【Ctrl＋O】组合键，弹出如图 3‑31 所示的对话框，找到文件所在的文件夹，双击文件即可打开；也可以先选中某个文件，单击"打开"按钮。

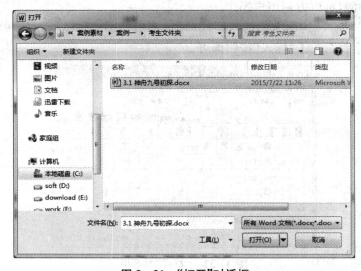

图 3‑31　"打开"对话框

6. 保存文档

在编辑文档的过程中,随时对文档进行保存,可减少死机、断电等情况带来的损失。文档可分为两种:新建文档和已存在的文档。对新建文档进行保存操作时,总会弹出如图 3 - 26 所示的"另存为"对话框,找到文件保存的位置,输入文件名,并选择某种文件类型,单击"保存"按钮即可。

而对已存在的文档进行保存操作,Word 2010 会按文件原有的路径、文件名和文件类型直接保存。若需要改变其中一个属性,则需要选择"文件"菜单的"另存为"命令。Word 2010 中提供了以下几种常用的保存文档的方法:

单击"文件"菜单的"保存"命令,或单击快速访问工具栏上的"保存"按钮 ,或按下【Ctrl+S】组合键可以保存文档。

7. 文本准备

在对文本进行处理之前,必须将文本输入到文档中。当用户创建一份新文档或打开一份已存在的文档,就可以输入文本了。用户在输入文本的过程中可以随时用鼠标或键盘改变"插入点"的位置。

(1) 文字输入

用户根据文档的内容,选择一种合适的输入法,然后在文档中确定"插入点"的位置,就可以开始文字输入了。

Word 2010 中文本的输入具有两种模式:插入模式和改写模式。系统默认的模式是插入模式,用户输入的文本将出现在"插入点"的左边,"插入点"右边的内容将向后顺延;改写模式下,用户输入的文本将依次替换"插入点"右侧的内容。用鼠标单击"插入"或使用键盘上的插入键【Insert】可实现插入模式和改写模式的切换。

(2) 插入符号

用户在进行文本输入时,除了中、英文之外,经常会遇到一些符号和特殊字符,例如©,℃,∽,❶等。有一部分符号是键盘无法直接输入的,Word 2010 为用户提供了插入符号和特殊字符的功能,可以方便用户操作。

单击功能区"插入"选项卡中的"符号"命令,弹出如图 3 - 32 所示的对话框,选择某种"符号"或"特殊字符",单击"插入"按钮即可。

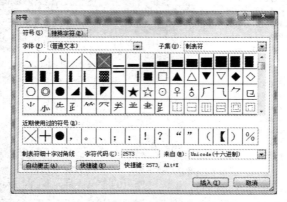

图 3 - 32 "符号"对话框

> ▸ **提示：**
>
> 　　有部分特殊符号，用户也可以通过软键盘输入。选择一种中文输入法（例如搜狗输入法），单击语言栏上的软键盘图标![键盘]，用户可选择"特殊符号"或"软键盘"方式进行输入。

（3）插入数字

在文档中经常会用到一些特殊的数字类型，例如"Ⅰ，Ⅱ，Ⅲ，…"，这些数字与日常使用的阿拉伯数字"1，2，3，…"一一对应。Word 2010 为用户提供了 13 种类型的数字，方便用户使用，系统默认数字类型为"1，2，3，…"。

用户确定"插入点"后，单击功能区"插入"选项卡中的"编号"命令，弹出如图 3-33 所示的对话框，在"编号"下方的文本框中输入一个阿拉伯数字（如"3"），然后在"编号类型"下方的列表框中选择一种类型（如"Ⅰ，Ⅱ，Ⅲ，…"），单击"确定"按钮，在"插入点"前显示"Ⅲ"。

图 3-33　"编号"对话框

部分数字类型对输入数字的大小有一定的要求，例如"甲，乙，丙，……"，要求数字必须介于 1～10 之间，"子，丑，寅，……"，要求数字必须介于 1～12 之间。

（4）插入日期和时间

用户在编辑一些文档（如通知）时，需要向文档中插入日期和时间。和其他普通文本一样，用户可以通过键盘直接输入日期和时间，其格式由用户自定义，不受系统的日期和时间约束，不会自动更新。

若系统开启了"记忆式键入"功能，当用户输入的当前年份加"/"，系统会弹出如图 3-34 所示的提示框。此时用户直接按【Enter】（回车）键就可以完成当前系统日期的输入，或者继续键盘输入忽略该提示，该日期不会自动更新。

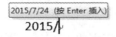

图 3-34　"记忆式键入"

最常用的方法是单击功能区"插入"选项卡中的"日期和时间"命令，弹出如图 3-35 的对话框。若选中"自动更新"复选框，系统会对插入的日期和时间自动更新，即每次重新打开文档时，系统会将文档中的日期和时间更新为当前日期和时间，以保证显示的日期和时间总是最新。

图 3 - 35 "日期和时间"对话框

8. 文本选取

用户在编辑文档时,要对文档中的某一部分文本进行操作,例如某行、某个段落,必须先选中这个部分,被选中的部分出现淡蓝色的底纹。小到字符,大到整篇文档,Word 2010 提供了多种选取的方法:

(1) 选取任意区域

• 在要选取的文本的开始位置按下鼠标左键,拖动鼠标,将光标移动至要选取部分的结束位置释放鼠标左键即可。

• 在要选取文本的开始位置单击鼠标左键,按下【Shift】键,然后在要选取部分的结束位置再次单击鼠标左键即可。

(2) 选取词组

将"插入点"置于词组的中间或左侧,双击鼠标左键可快速选中该词组。

(3) 选取一行

• 将"插入点"置于某一行的最前面,按下【Shift＋End】组合键,可选择一行。

• 将鼠标移动至某一行的左侧,当鼠标指针变为 ⚪ 后,单击鼠标左键,可选中这一行。

(4) 选取多行

将鼠标移动至要选择文本首行(或末行)的左侧,当鼠标指针变为 ⚪ 后,按下鼠标左键,向下(或向上)拖动鼠标,选中后释放左键。

(5) 选取一段

• 在某一段中单击鼠标左键三次,可选中这一段。

• 将鼠标移动至某一段的左侧,当鼠标指针变为 ⚪ 后,双击鼠标左键,可选中这一段。

(6) 选取多段

将鼠标移动至要选择文本首段(或末段)的左侧,当鼠标指针变为 ⚪ 后,双击鼠标左键,并向下(或向上)拖动鼠标,选中后释放左键。

(7) 选取任意矩形区域

• 按下【Alt】键,在要选取的开始位置单击鼠标左键,拖动鼠标形成一个矩形选择区域,在结束位置释放鼠标即可,如图 3 - 36 所示。

• 在要选取的开始位置单击鼠标左键,同时按下【Shift】键和【Alt】键,移动鼠标至结束位置，单击鼠标左键即可。

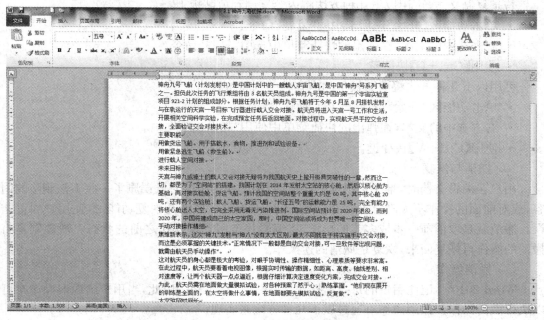

图 3 - 36　"选取矩形区域"图例

（8）选取整篇文档

• 将鼠标移动至文档左侧的任意位置，当鼠标指针变为 ![arrow] 后，连击三次鼠标左键，可选中整篇文档。

• 单击功能区"开始"选项卡中的"选择"命令，然后单击"全选"可选中整篇文档。

• 使用【Ctrl＋A】组合键，可选中整篇文档。

• 在文档的开始位置单击鼠标左键，然后同时按下【Shift】键、【Ctrl】键和【End】键，可选中整篇文档。

9. 移动与复制

在文档编辑过程中，有时会多次用到先前相同的内容，有时需要将部分内容从当前位置移至另一个位置，为了减少文本的重复输入，提高工作效率，用户可以使用 Word 2010 中所提供的复制和移动功能。

（1）利用鼠标拖动移动和复制文本

选中要移动或复制的文本，若是移动文本，将鼠标置于选中文本上方，单击鼠标左键，拖动文本至新的位置。拖动时当鼠标移动到窗口的顶部（或底部），文档自动向上（或向下）滚动。若是复制文本，将鼠标置于选中文本上方，按下【Ctrl】键，单击鼠标左键，拖动文本至新的位置。

（2）利用剪贴板移动和复制文本

选中要移动或复制的文本，若是移动文本，可用以下几种方法将内容剪贴到剪贴板上：

• 单击功能区"开始"选项卡中的"剪切"命令。

• 右击选中的文本，在弹出的快捷菜单中选中"剪切"命令。

- 使用【Ctrl＋X】快捷键。

若是复制文本,可用以下几种方法将内容复制到剪贴板上:

- 单击功能区"开始"选项卡中的"复制"命令。
- 右击选中的文本,在弹出的快捷菜单中选中"复制"命令。
- 使用【Ctrl＋C】快捷键。

可用以下几种方法将剪贴板上的内容粘贴到新位置:

- 单击功能区"开始"选项卡中的"粘贴"命令。
- 右击选中的文本,在弹出的快捷菜单中使用"粘贴选项"。
- 使用【Ctrl＋V】快捷键。

10. 撤消与恢复

用户在编辑文档时,难免会出现一些错误,例如在排版的时候误删了一些不该删除的内容,或对前面的操作不太满意等,为此 Word 2010 提供了撤消与恢复功能,方便用户纠正错误。撤消就是取消前一步或多步的操作,将编辑状态回到误操作之前的状态。恢复则是将撤消的操作再恢复回来,恢复是撤消的逆操作。

(1) 撤消操作

Word 2010 会记住用户的每一步操作,并将其保存下来。因此,当用户出现误操作时可以执行撤消操作。撤消操作可通过以下几种方法来实现:

若是单步撤消操作,可单击快速访问工具栏的"撤消"按钮 ，或者使用【Ctrl＋Z】快捷键。

若要一次撤消多步操作,可以单击快速访问工具栏的"撤消"按钮 右侧的下拉箭头 ，此处保存了所有可撤消的操作,可根据编辑情况有选择地进行撤消操作。

(2) 恢复操作

恢复操作是撤消操作的逆过程,可单击快速访问工具栏上的"恢复"按钮 。需要注意的是,"恢复"按钮 只有在用户执行"撤消"操作后才会出现,如果用户没有执行"撤消"操作,此时快速访问工具栏上显示的是"重复"按钮 。

11. 查找和替换

用户在编辑文档或校对文档时,往往会遇到文字修改的工作。特别在篇幅较长的文档中,修改一个重复率较高、分布范围较广的词语,如果靠人工查找,修改起来非常困难,既费时又费力,而且很容易有遗漏。针对这一问题,Word 2010 提供了很好的解决方法,即强大的文本查找和替换功能,不仅可以查找替换文本内容,而且还可以查找替换文档中的字体、段落、样式、特殊字符等许多内容,可以帮助用户轻松、快速地实现文本的查找和替换操作。Word 2010 中的查找和替换操作可分为常规操作和高级功能两个部分。高级功能是在常规操作的基础上增加了一些搜索选项、格式设定和特殊字符的替换等功能。

(1) 常规查找

常规查找主要的工作就是快速定位文本内容在文档中的位置,单击功能区"开始"选项卡中的"查找"命令,在文档的左侧出现"导航"任务窗格,输入要查找的内容即可,如图3－37 所示。

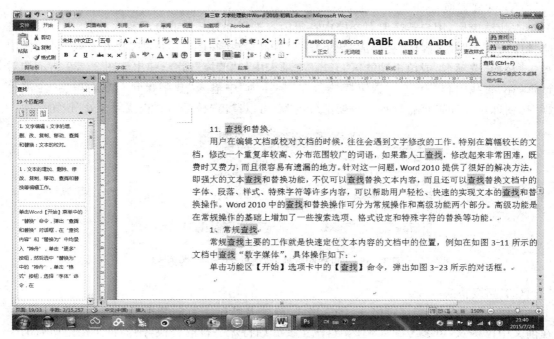

图 3‐37 常规查找

（2）高级查找

若要查找指定格式的文本或特殊字符，则必须使用高级查找。单击功能区"开始"选项卡中的"查找"命令旁的下拉按钮，选择"高级查找"命令，在弹出的对话框中，单击"更多"按钮，如图 3‐38 所示，其中"格式"按钮可以设置要查找内容所需要符合的格式，"特殊格式"按钮可以查找分栏符、段落标记、手动换行符、脚注和尾注等各种特殊的字符或标记。设置完成后，单击"查找下一处"按钮，依次查找文档中符合条件的字符或标记。查找完毕后，单击对话框中的"取消"或者"关闭"按钮即可。

图 3‐38 "查找和替换"对话框之"查找"选项卡

（3）常规替换

查找结束后，用户若需要对文档中特定内容进行部分替换或全部替换，例如用户需要将文档中所有的"数字媒体"替换成"数字媒介"，可以直接在图3-38"查找和替换"对话框中单击"替换"选项卡，或单击功能区"开始"选项卡中的"替换"命令，弹出如图3-39所示的对话框，在"查找内容"中输入"数字媒体"，在"替换为"中输入"数字媒介"，然后单击"全部替换"按钮即可。如果是有选择地替换部分内容，可以单击"替换"和"查找下一处"按钮。

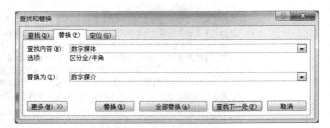

图3-39 "查找和替换"对话框之"替换"选项卡

（4）高级替换

高级替换主要是指字符格式、段落格式、样式及特殊字符的替换，其中字符格式的替换在前文中已提及，可参考图3-12。这里主要介绍特殊字符的替换，例如将文档中所有的手动换行符替换成段落标记，可以直接单击图3-39"查找和替换"对话框中的"更多"按钮，然后将"插入点"定位到"查找内容"，单击"特殊格式"按钮，选择"手动换行符"，再将"插入点"定位到"替换为"，单击"特殊格式"按钮，选择"段落标记"，如图3-40所示，最后单击"全部替换"按钮即可。如果是有选择地替换部分内容，可以单击"替换"和"查找下一处"按钮。

图3-40 "查找和替换"对话框

12. 文本格式

文本格式的设置是 Word 2010 中最常用的操作之一，主要包括字体、字形、颜色、大小、字符间距和效果等。通过设置文本格式可使文本效果更加突出、条理更加清晰，可增加文档的易读性。

(1) 选中文本，单击功能区"开始"选项卡中的"字体"栏的按钮，如图 3-41 所示，单击相应的按钮可实现字体、字形、字号等格式的快速设置。

图 3-41　"字体"栏

(2) 右击选中的文本，在弹出的快捷工具栏中选择相应的按钮可以实现文本格式的快速设置。

(3) 选中文本，单击图 3-41 右下角的"字体"对话框启动器按钮，弹出如图 3-42 所示的"字体"对话框，其中包含"字体"和"高级"两个选项卡。

"字体"选项卡主要用于设置字体、字形、字号、字符颜色、下划线、着重号及静态效果等。字号有汉字和阿拉伯数字两种表示方法，汉字数字越大，字号越小；阿拉伯数字越大，字号越大。另外，中文和西文字体的数量取决于当前操作系统中安装的字体的数量。

"高级"选项卡主要用于设置字符的缩放、间距及位置。字符缩放影响字符横向上的变化，对纵向没有影响；字符间距是指文档中相邻两个字符之间的距离，以"磅"为单位；字符位置是指字符相对于基准线偏离的上下距离。

图 3-42　"字体"对话框

13. 段落格式

Word 2010 中段落是以【Enter】(回车)键结束的一段内容，它是独立的信息单位。段落中可以包含文字、图片、特殊字符等。一篇文档可以由很多段落组成,每个段落可以有它的格式,段落格式的设定对文档的整体外观有着很大的影响。段落格式主要包括段落的对齐方式、段落的缩进、段落间距和行间距等。

(1) 选中段落,单击功能区"开始"选项卡中的"段落"栏的按钮,如图 3-43 所示,单击相应的按钮可实现项目符号与编号、缩进、对齐方式、行与段落间距等格式的快速设置。

图 3-43 "段落"栏

(2) 右击选中的段落,在弹出的快捷工具栏中选择相应的按钮可以实现居中对齐、缩进等快速设置。

(3) 与设置文本格式相似,对于一些复杂的段落格式需要在"段落"对话框中操作,单击图 3-43 右下角的"段落"对话框启动器按钮,弹出如图 3-44 所示的"段落"对话框。其中对齐方式包含五种,分别是左对齐、居中、右对齐、两端对齐和分散对齐;段落缩进包含四种,分别是首行缩进、悬挂缩进、左缩进和右缩进;段落间距包含段前和段后间距;行距包含单倍行距、1.5 倍行距、2 倍行距、最小值、固定值和多倍行距。

图 3-44 "段落"对话框

14. 格式刷

Word 2010 中格式刷起到复制和粘贴的作用,不过它复制的对象只是文本或段落的格式而不是文本或段落的内容。当文档中出现多处需要设置相同格式的内容时,可先设置其中一处,然后利用格式刷快速设置其他文本或段落的格式。具体操作如下:

（1）选中要复制格式的文本，或将"插入点"置于要复制格式的段落中。

（2）单击功能区"开始"选项卡中的"格式刷"按钮，此时光标变成刷子状，表示格式已复制并且可以应用一次。

（3）用光标选择需要应用格式的文本或段落，被选定的文本或段落的格式变为复制的格式。

如果要一次复制多次应用，双击"格式刷"按钮即可，应用完之后要结束格式刷操作，可单击功能区"开始"选项卡中的"格式刷"按钮或按下【Esc】键。

15. 首字下沉

首字下沉是一般报刊和杂志中常用的文本修饰手段，如图 3－45 所示。在 Word 2010 中设置首字下沉具体操作如下：

单击功能区"插入"选项卡中的"首字下沉"命令，然后单击"首字下沉选项"，在弹出的对话框中单击"下沉"，并设置字体、下沉行数、距正文的距离，如图 3－46 所示。

图 3－45　首字下沉案例　　　　图 3－46　"首字下沉"对话框

16. 分栏

若给整篇文档分栏，将"插入点"定位到文档中即可。若只给部分段落分栏，请选中这些段落，单击功能区"页面布局"选项卡中的"分栏"命令，可选择"两栏""三栏""偏左""偏右"进行快速设置，如图 3－47 所示。也可单击"更多分栏"，弹出"分栏"对话框，进行更详细的设置，如图 3－48 所示。

图 3－47　分栏

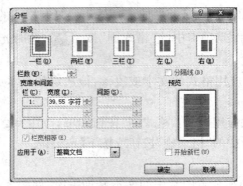

图 3-48 "分栏"对话框

17. 项目符号与编号

在制作文档的过程中,为了使内容醒目有序,会将内容编排成列表的形式。一般是在内容的前面添加符号或者数字,这就是用户经常用到的项目符号和编号。

(1)为段落添加项目符号

选中要添加项目符号的段落,单击功能区"开始"选项卡中的"项目符号"按钮,如图 3-49 所示,在"项目符号库"中选择相应的符号;若用户需要选择其他样式的项目符号或修改项目符号的格式,可单击"定义新项目符号"命令,弹出如图 3-50 所示的对话框,可以选择"符号"或"图片"作为项目符号,单击"字体"按钮可改变符号的格式。

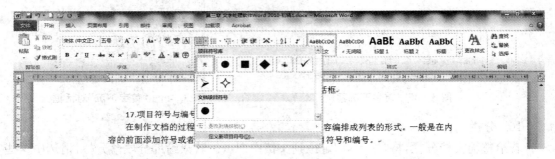

图 3-49 项目符号

图 3-50 "定义新项目符号"对话框

(2)为段落添加编号

选中要添加编号的段落,单击功能区"开始"选项卡中的"编号"按钮,如图 3-51 所示,在"编号库"中选择相应的编号类型;若用户需要选择其他样式的编号或编号的格式,可单击"定义新编号格式"命令,弹出如图 3－52 所示的对话框,可以在编号样式列表框中选择需要的样式,单击"字体"按钮可改变编号的格式。

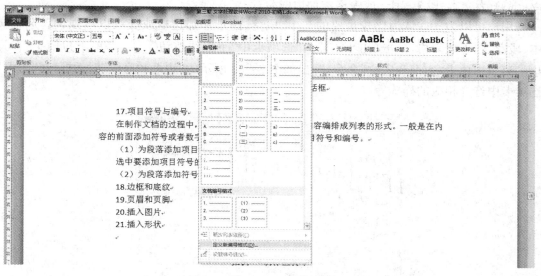

图 3－51　编号

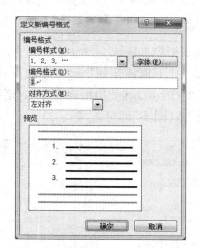

图 3－52　"定义新编号格式"对话框

> ▶ **提示:**
>
> 　　如果想取消项目符号或编号,有两种常用的方法:① 将"插入点"置于已设置了项目符号或编号的段落中,然后单击功能区"开始"选项卡中的"项目符号"或"编号"按钮即可取消此段落的项目符号或编号。② 将"插入点"置于已设置了项目符号或编号的段落中,然后打开并单击图 3－49 或图 3－51 中的"无"即可取消此段落的项目符号或编号。

18. 边框和底纹

为了使文档中的文本、段落、图形和表格等更加突出醒目,用户可以为其添加边框和底纹。也可为整页或整篇文档添加页面边框,美化文档。

(1) 为文本、段落、图形或表格添加边框

用户可以为一些认为比较重要的文本、段落、图形添加边框或底纹以示强调。选中文本、段落、图形或表格,单击功能区"开始"选项卡中"下框线按钮" 旁的下拉箭头,在弹出的菜单中单击"边框和底纹"命令,弹出如图3-53所示的"边框和底纹"对话框,在"边框"选项卡中选择相应的样式等。

图3-53 "边框和底纹"对话框之"边框"选项卡

(2) 为文本、段落、图形或表格添加底纹

单击功能区"开始"选项卡中"下框线按钮" 旁的下拉箭头,在弹出的菜单中单击"边框和底纹"命令,弹出如图3-53所示的"边框和底纹"对话框,单击"底纹"选项卡,如图3-54所示,选择相应的"颜色"或"图案"即可。

图3-54 "边框和底纹"对话框之"底纹"选项卡

19. 页眉和页脚

页眉和页脚是指出现在页面顶端和页面底端、用于重复显示文档附加信息(例如:页码、日期、书籍中的章节名称、单位Logo等文字或图形)的区域。Word 2010中可以给文档的每一页使用相同的页眉和页脚,也可以在文档的不同部分使用不同的页眉和页脚,例如:在

奇数页和偶数页上建立不同的页眉和页脚。

（1）编辑页眉和页脚

单击功能区"插入"选项卡中"页眉"或"页脚"命令，在弹出的菜单中单击"编辑页眉"或"编辑页脚"，页面上出现了用虚线标明的"页眉"区和"页脚"区，与此同时文档功能区出现"页眉和页脚工具-设计"选项卡，而正文部分呈"不可编辑"状态，如图 3－55 所示。

编辑完后，单击"页眉和页脚工具-设计"选项卡中的"关闭页眉和页脚"按钮，或用鼠标双击版心（页边距以内）区域，退出页眉和页脚的编辑状态。

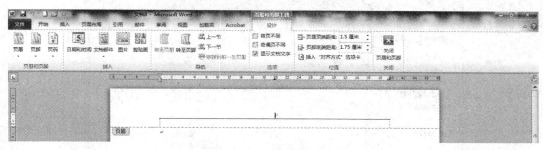

图 3－55　编辑页眉或页脚

（2）插入页码

页码是最常用的页眉和页脚之一，一般存放在页眉和页脚中，要在页眉和页脚中插入页码，可通过以下两种方法：

单击功能区"插入"选项卡中"页码"命令或在图 3－55 中单击"页码"命令，在弹出的菜单中，选择相应的位置插入页码即可，如图 3－56 所示。

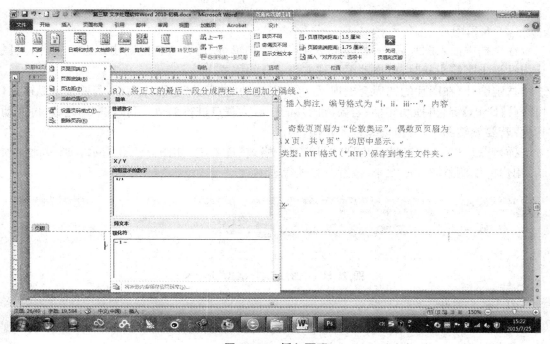

图 3－56　插入页码

20. 插入图片

图片是由其他文件创建的图形，包括位图、扫描的图片和照片等。编辑文档时，有时需要使用由其他文件生成的图片文件以丰富文档内容。

（1）插入图片

单击功能区"插入"选项卡中"图片"命令，弹出如图 3‒57 所示的对话框，找到图片所在的位置，选中图片，单击"插入"按钮即可。

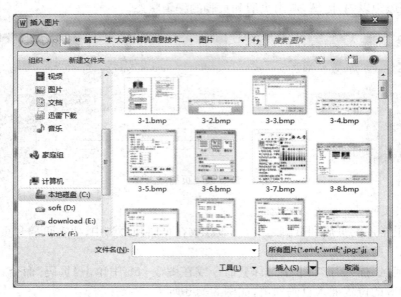

图 3‒57　"插入图片"对话框

（2）编辑图片

在文档中插入图片后，一般都需要对其进行编辑，以适合文档的需求。选定图片，当鼠标指针呈十字箭头状时，可拖动图片到文档适合的位置。

选定图片，在图片的四周会出现尺寸句柄，拖动句柄可调整图片大小；若要锁定纵横比，可按住【Shift】键，再拖动句柄；若要以图片的中心为基点进行缩放，可按住【Ctrl】键，再拖动句柄；若要旋转图片，可拖动绿色的句柄。

插入图片后，文档功能区出现"图片工具-格式"选项卡，如图 3‒58 所示。通过此选项卡，用户可以调整图片的大小、位置及格式等。

图 3‒58　"图片工具-格式"选项卡

21. 插入形状

Word 2010 中插入的形状也称为图形对象，包括各种基本形状、线条、箭头等对象。这些对象都是 Word 文档的重要组成部分。

（1）插入形状

单击功能区"插入"选项卡中的"形状"命令，如图 3-59 所示，用户可根据需求在菜单中选择相应的形状，此时鼠标变成"十"形状，在文中适当的位置拖动鼠标即可绘制形状。

图 3-59　插入形状

（2）编辑形状

对已绘制的形状进行编辑，通过对其进行改变大小、颜色，设置版式和添加文字等操作，使其对文档起到美化作用。

编辑形状时，首先要选定形状，直接单击鼠标左键即可选定形状。若要选定多个形状，可以先按住【Shift】键，然后用鼠标分别单击形状。

若用户对绘制的形状不太满意，可以对形状的大小、形状和位置做一些调整。具体操作如下：

选定形状，当鼠标指针呈十字箭头状时，可拖动形状，调整形状在文档中的位置。

选定形状，在形状的四周会出现尺寸句柄，拖动句柄可调整形状大小。若要锁定纵横比，可按住【Shift】键，再拖动句柄。若要以图形的中心为基点进行缩放，可按住【Ctrl】键，再拖动句柄。

选定形状，在形状的四周出现绿色的句柄，可拖动句柄旋转形状，如图 3-60 所示。

对于某些形状，选定后会出现一个或多个黄色的菱形块，用鼠标拖动菱形块可改变形状，如图 3-61 所示。

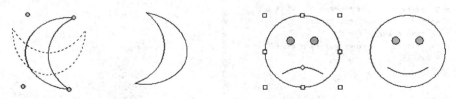

图 3-60　旋转图形　　　　　　图 3-61　改变图形形状

用户还可以在部分形状中添加文本。右击文档中的某个形状,在弹出的快捷菜单中选择"添加文字",此时可在形状中输入文字,并设置文字的格式,如图3-62所示。

插入形状后,文档功能区出现"绘图工具-格式"选项卡,如图3-63所示。通过此选项卡,用户可以调整形状的大小、位置及格式等。

图3-62 添加文字

图3-63 "绘图工具-格式"选项卡

同步练习

调入考生文件夹中的 ed_2.docx 文档,参考样张(图3-64),按照下列要求操作:

(1) 参考样张,给文章加标题"2010上海世博会吉祥物",并将标题设置为楷体、加粗、二号字居中对齐。

(2) 在正文第一段之前插入图片"海宝.jpg",居中显示,高度8厘米,宽度7厘米。

(3) 参考样张,在正文第二段、第十一段、第十三段文字的前后插入"◆"符号,设置字体为黑体、四号字。

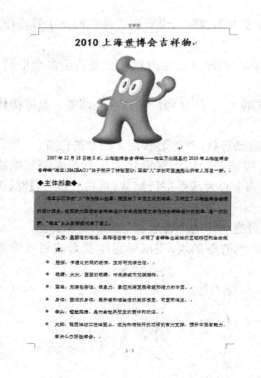

图3-64 样张

（4）设置正文其余各段首行缩进 2 字符，1.8 倍行距。

（5）参考样张，将正文（不含标题）中的所有"吉祥物"设置为蓝色、加粗。

（6）参考样张，为正文第三段添加，橙色阴影边框，浅蓝色底纹。

（7）参考样张，为正文的第四段至第九段添加红色"●"项目符号。

（8）参考样张，为文档奇数页添加页眉"吉祥物"，为文档偶数页添加页眉"海宝"，页脚处插入页码"X/Y"，居中显示。

（9）参考样张，在正文中插入"云形标注"自选图形，设置其填充色为橙色，环绕方式为"紧密型"，并添加文字"上善若水，海纳百川"，字体格式为蓝色、四号、加粗。

（10）参考样张，将正文第十二段设置为等宽两栏，栏间加分隔线。

（11）将编辑好的文件以文件名：DONE_2，文件类型：RTF 格式（＊.RTF）保存到考生文件夹。

案例二　制作宣传单

案例情境

学院学生处李老师需要利用 Word 2010 文字处理软件制作一份有关伦敦奥运会的知识普及单页，如图 3-65 所示。首先在新的文档中进行内容录入及格式设定，然后对文档页面进行美化，最后打印输出或批量印刷。

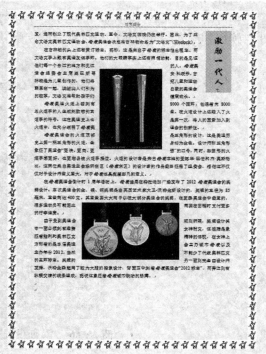

图 3-65　样张

案例素材

..\案例二\操作要求.docx

..\案例二\考生文件夹\ 3.2 伦敦奥运会.docx

..\案例二\考生文件夹\会徽.jpg

..\案例二\考生文件夹\火炬.jpg

..\案例二\考生文件夹\吉祥物.jpg

..\案例二\考生文件夹\奖牌.jpg

任务　制作伦敦奥运会知识普及单页

打开素材文档,设置文本及段落格式;插入图片,进行图文混排。

1. 启动 Word 2010,打开"3.2 伦敦奥运会.docx"文档。

◆ 操作步骤

(1) 单击 Windows"开始"菜单中的"所有程序",打开菜单中的"Microsoft Office",在其下级菜单中单击"Microsoft Word 2010",启动 Word 2010,如图 3-2 所示。

(2) 单击"文件"菜单中的"打开"命令,在弹出的对话框中找到素材所在的考生文件夹,然后单击"3.2 伦敦奥运会.docx",最后单击"打开"按钮即可。

2. 页面设置,纸张自定义大小,宽度 22 厘米,高度 30 厘米;上下页边距为 2.5 厘米,左右页边距为 3 厘米,每页可显示 46 行,每行 42 个字符。

◆ 操作步骤

(1) 单击功能区"页面布局"选项卡中"纸张大小"命令,在弹出的菜单中选择"其他页面大小",弹出如图 3-66 所示的对话框,在"宽度"后面输入 22 厘米,在"高度"后面输入 30 厘米。

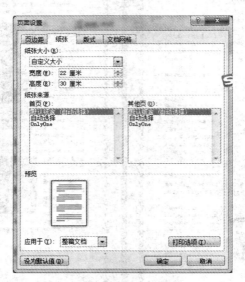

图 3-66 "页面设置"对话框之"纸张"选项卡

(2) 单击此对话框"页边距"选项卡,设置上下页边距为 2.5 厘米,左右页边距为 3 厘米,如图 3-67 所示。

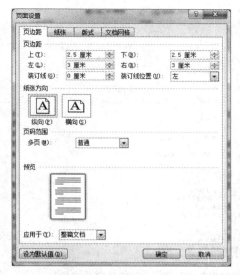

图 3－67　"页面设置"对话框之"页边距"选项卡　　　图 3－68　"页面设置"对话框之"文档网格"选项卡

（3）单击此对话框"文档网格"选项卡，选择"指定行和字符网格"，设置每页可显示 46 行，每行 42 个字符，如图 3－68 所示，最后单击"确定"按钮即可。

3. 参考样张，添加艺术字标题"2012 伦敦奥运会"，采用第 4 行第 2 列样式，字体为隶书，形状为"桥形"，阴影样式为"内部向右"，嵌入到文本行中，居中。

◆ **操作步骤**

（1）将"插入点"定位到文档第一行，单击功能区"插入"选项卡中"艺术字"命令，在弹出的菜单中单击第 4 行第 2 列的样式，如图 3－69 所示。手动输入"2012 伦敦奥运会"，然后选中标题文本，单击功能区"开始"选项卡，设置字体为隶书。

（2）单击功能区"绘图工具-格式"选项卡，单击"文本效果"命令，选择"转换"，在"弯曲"中选择"桥形"，如图 3－70 所示。

（3）单击"文本效果"命令，选择"阴影"，在"内部"中选择"内部向右"，如图 3－71 所示。

（4）单击"位置"命令，在弹出的菜单中选择"嵌入文本行中"，如图 3－72 所示。

（5）将"插入点"定位到艺术字后面，单击功能区"开始"选项卡中的"居中"按钮。

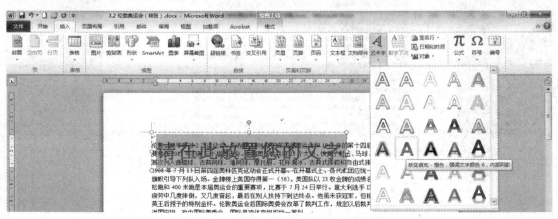

图 3－69　艺术字样式

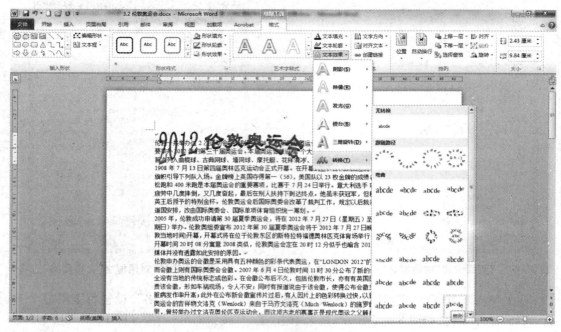

图 3 - 70　设置艺术字的形状

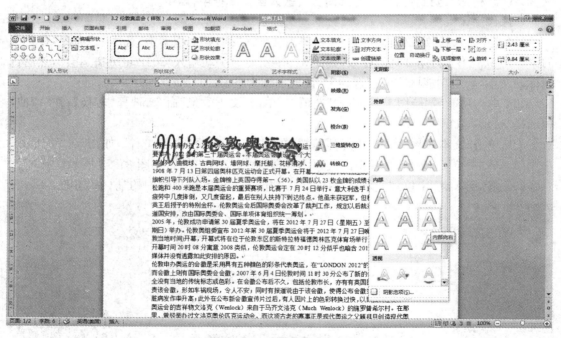

图 3 - 71　设置艺术字阴影

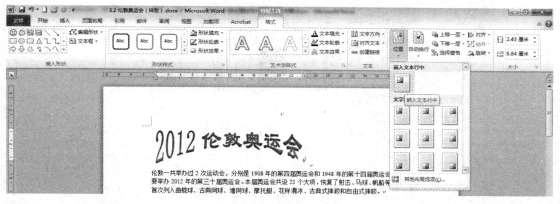

图 3-72　设置艺术字位置

4. 将正文各段落设置首行缩进 2 个字符,1.2 倍行距。

◆ 操作步骤

选中除标题以外的所有段落,单击功能区"开始"选项卡中的"段落"对话框启动器按钮,在弹出的对话框中设置"特殊格式"为首行缩进 2 个字符,行距为"多倍行距",设置值为"1.2",如图 3-73 所示,最后单击"确定"按钮即可。

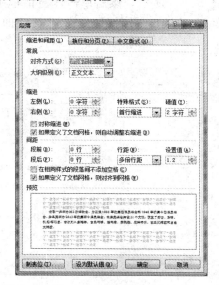

图 3-73　"段落"对话框

5. 参考样张,依次在正文各段落中插入图片"会徽.jpg""吉祥物.jpg""火炬.jpg""奖牌.jpg"。

◆ 操作步骤

参考样张,将"插入点"定位到第一页适当的位置,单击功能区"插入"选项卡中的"图片"命令,找到"会徽.jpg"所在的考生文件夹,如图 3-74 所示,双击"会徽.jpg"即可。按照相同的方法,依次插入后三张图片。

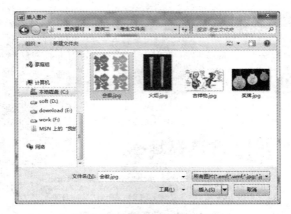

图 3-74 "插入图片"对话框

6. 设置"会徽.jpg"高度和宽度均为 20%,"吉祥物.jpg"高度和宽度均为 80%,"奖牌. jpg"高度和宽度均为 50%,环绕方式均为四周型。

◆ **操作步骤**

右击"会徽.jpg",在弹出的快捷菜单中单击"大小和位置"命令,弹出"布局"对话框,修改高度和宽度均为 20%,如图 3-75 所示。然后单击此对话框中的"文字环绕"选项卡,设置环绕方式为四周型,如图 3-76 所示。最后单击"确定"按钮即可。按照相同的方法,依次设置后几张图片。

图 3-75 "布局"对话框之"大小"选项卡

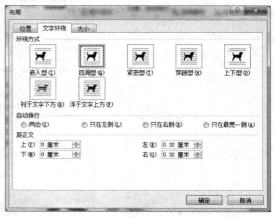

图 3-76 "布局"对话框之"文字环绕"选项卡

7. 将正文中所有的"伦敦"设置为楷体,加粗倾斜、蓝色。

◆ **操作步骤**

单击功能区"开始"选项卡中的"替换"命令,弹出"查找和替换"对话框,在"查找内容"和"替换为"中均录入"伦敦",单击"更多"按钮,然后选中"替换为"中的"伦敦",单击"格式"按钮,选择"字体"命令,在弹出的"替换字体"对话框中设置楷体,加粗倾斜、蓝色,如图 3-77 所示。单击"确定"按钮返回"查找和替换"对话框,如图 3-78 所示。最后单击"全部替换"按钮即可。

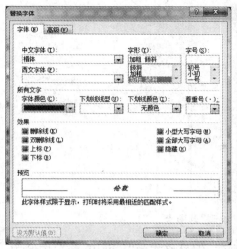
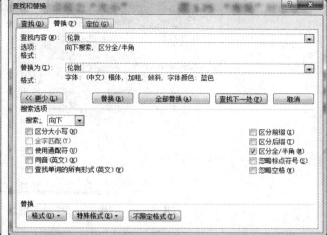

图 3-77　"替换字体"对话框　　　　图 3-78　"查找和替换"对话框

8. 参考样张,为页面设置艺术型方框"🐦🐦🐦🐦🐦"。

◆ **操作步骤**

单击功能区"页面布局"选项卡中"页面边框"命令,弹出"边框和底纹"对话框,在"艺术型"中选择"🐦🐦🐦🐦🐦",如图 3-79 所示,最后单击"确定"按钮即可。

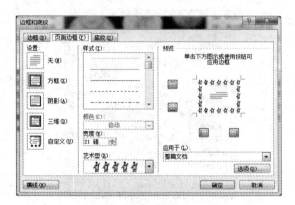

图 3-79　"边框和底纹"对话框

9. 参考样张,为页面设置"羊皮纸"填充效果。

◆ **操作步骤**

单击功能区"页面布局"选项卡中"页面颜色"命令,在弹出的菜单中选择"填充效果",在弹出的对话框中单击"纹理",选择"羊皮纸",如图 3-80 所示,最后单击"确定"按钮即可。

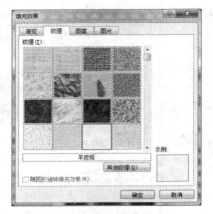

图 3－80　"填充效果"对话框之"纹理"选项卡

10. 参考样张，为第四段中的第一个"会徽"插入脚注，编号格式为"i，ii，iii，…"，内容为"重大会议、体育盛会一般都有会徽"。

◆ **操作步骤**

将"插入点"定位到第四段的第一个"会徽"的后面，单击功能区"引用"选项卡中"脚注和尾注"对话框启动器，在弹出的对话框中修改编号格式为"i，ii，iii，…"，如图 3－81 所示。单击"插入"按钮，然后在第一页的最下方"i"处输入"重大会议、体育盛会一般都有会徽"。

图 3－81　"脚注和尾注"对话框

11. 设置页眉和页脚距边界各为 1.75 厘米，奇数页页眉为"伦敦奥运"，偶数页页眉为"体育盛会"，所有页的页脚为页码，均居中显示。

◆ **操作步骤**

单击功能区"插入"选项卡中的"页眉"命令，选择"编辑页眉"，勾选"奇偶页不同"，并设置"页眉顶端距离"和"页脚底端距离"均为 1.75 厘米，然后分别在奇数页页眉处录入"伦敦奥运"，偶数页页眉处录入"体育盛会"；转至页脚处（注意：两处页脚均要插入），单击"页码"命令中的"当前位置"，选择"普通数字"，并将页眉页脚均设为居中显示。最后单击"关闭页眉和页脚"即可。

12. 参考样张,在第二页插入一个竖排文本框,顶端靠右四周型环绕,文本框填充颜色为橙色,无边框;文本框中添加文本"激励一代人",字体设置为楷体,二号,居中显示。

◆ **操作步骤**

（1）单击功能区"插入"选项卡中的"文本框"命令,在弹出的菜单中选择"绘制竖排文本框",此时鼠标变成"十"形状,在第二页右上角适当的位置拖动鼠标绘制文本框,单击功能区"绘图工具-格式"选项卡中的"形状轮廓",选择"无轮廓",然后单击"形状填充",选择"橙色"。

（2）单击文本框,输入"激励一代人",并在功能区"开始"选项卡中设置字体为楷体,二号,居中显示。

13. 将编辑好的文件以文件名:DONE_3,文件类型:RTF 格式（＊.RTF）保存到考生文件夹。

◆ **操作步骤**

单击"文件"菜单中的"另存为"命令,在弹出的对话框中,将"保存位置"定位到"考生文件夹",修改"文件名"为 DONE_3,修改"保存类型"为 RTF 格式（＊.RTF）,最后单击"保存"按钮即可。

◆ **知识点剖析**

1. 页面设置

页面设置是文档排版的基本操作之一,对文档全局样式起到决定性的作用。页面设置主要包括页面大小、方向、页边距等基本设置。

用户需要进行页面设置时,可单击功能区"页面布局"选项卡中"页面设置"栏中的命令,如图 3-82 所示。

图 3-82　"页面设置"栏

用户也可单击图 3-82 右下角的"页面设置"对话框启动器,在如图 3-83 所示的对话框中进行更详细的设置。

图 3-83　"页面设置"对话框

该对话框中包含"页边距""纸张""版式""文档网格"4个选项卡。

"页边距"选项卡用于设置上、下、左、右页边距的位置，装订线的位置及纸张方向。

"纸张"选项卡用于设置纸张的类型和大小，一般默认为A4纸。若要使用特殊尺寸的纸张，可选择"自定义大小"，然后输入纸张实际的"高度"和"宽度"。

"版式"选项卡用于设置页眉页脚"奇偶页不同"或"首页不同"及页眉页脚距边界的距离。

"文档网格"选项卡用于设置每页容纳的行数及每行容纳的字符数。

2. 艺术字

编辑文档时，经常会给文档的标题或特别需要强调的文本使用艺术字效果。所谓艺术字效果，即创建出带阴影的、斜体的、旋转的和延伸的文字，或符合预定形状的文字，是一种文字图形化的效果。

使用功能区"插入"选项卡中"艺术字"命令，可为艺术字选择一种样式；插入艺术字后功能区会出现"绘图工具-格式"选项卡，使用"艺术字样式"栏中的相关按钮可进一步设置艺术字效果，如图3-84所示，例如设置文字轮廓颜色、填充颜色、阴影、发光、弯曲等。

艺术字是作为一种图片对象插入的，因此，对艺术字的操作也可以像图片操作一样，可以调整大小、设置文字环绕、自由旋转、设置三维效果和阴影。

图3-84 "艺术字样式"栏

3. 文本框

Word 2010的文本框是一种可以移动、大小可调的文本或图形容器。文本框可用于在页面上放置多块文本，也可用于为文本设置不同于文档中其他文本的方向，文本框也是一种特殊的图形对象，可以被置于页面中的任何位置。

文本框可分为横排和竖排两种格式。用户单击功能区"插入"选项卡中的"文本框"命令，在弹出的菜单中选择"绘制文本框"或"绘制竖排文本框"。当鼠标变成"十"形状时，在需要插入文本框的位置拖动鼠标到合适大小，松开鼠标即可完成文本框的绘制。

插入文本框后，单击文本框即可输入文本。当输入的文本到达文本框边界时，文本将自动换行或换列。

文本框与图形、艺术字等一样，可以通过功能区的"绘图工具-格式"选项卡设置边框颜色、填充颜色、阴影、三维旋转、文字环绕等效果。

4. 页面边框

为美化页面，用户可以给页面添加边框，单击功能区"开始"选项卡中"下框线按钮" ▦ ▾ 旁的下拉箭头，在弹出的菜单中单击"边框和底纹"命令，或单击功能区"页面布局"选项卡中"页面边框"命令，弹出"边框和底纹"对话框，单击"页面边框"选项卡，如图3-85所示。页面边框的设置方法与文本、段落边框设置基本相同，但页面边框中可设置"艺术型"边框。

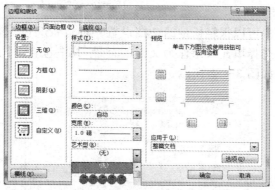

图 3－85　"边框和底纹"对话框之"页面边框"选项卡

5. 背景

在制作电子板报或 Web 页面时经常会用到丰富多彩的背景。Word 2010 中提供强大的背景功能，可以用一张图片、一种图形、一些过渡效果或一种基本颜色作为文档的背景，以上背景效果主要应用于电子文档，不能被打印出来。另外，Word 2010 还提供了一种特殊的背景效果——水印，在打印文档中应用较为广泛。

（1）设置背景颜色

单击功能区"页面布局"选项卡中"页面颜色"命令，如图 3－86 所示，单击某种颜色应用到文档的所有页面。若用户未能找到合适的颜色，可单击"其他颜色"命令，在弹出的"颜色"对话框中单击"自定义"选项卡，如图 3－87 所示。用户可以在颜色框中拖动鼠标选择颜色，也可以通过改变颜色框下面的 HSL 模式（色度、饱和度、亮度）或 RGB 模式（红色、绿色、蓝色）的数值来配置颜色。

图 3－86　页面颜色

图 3－87　自定义颜色

（2）设置填充效果

通过以上方法，用户可以很轻松地给文档设置一种背景颜色。如果用户感觉一种颜色的背景有些单调，可以选择填充效果作为文档的背景，其中包含了图片、图案、纹理、过渡效果等丰富多彩的图案，如图 3‑88 所示。

图 3‑88 "填充效果"对话框

（3）设置水印

水印是一种特殊的背景格式，Word 2010 提供了设置水印的功能，设置的水印只有在页面视图和打印预览视图下才能看到。不管用户当前处于哪种视图，在设置水印后，系统会自动切换到页面视图。

单击功能区"页面布局"选项卡中"水印"命令，在弹出的菜单中选择"自定义水印"，弹出如图 3‑89 所示的对话框，用户可设置"文字"或"图片"水印。

图 3‑89 "水印"对话框

6. 脚注和尾注

脚注和尾注在科学报告或论文中应用较为广泛，主要是对文档的内容做进一步的解释。一般用脚注对文档的内容注释，而用尾注说明引用的参考文献。脚注和尾注的作用基本相同，不同的是脚注一般放在页面的底端或文字下方，而尾注只放在文档的结尾或节的结尾部分。

将"插入点"定位到需要插入脚注或尾注的位置,单击功能区"引用"选项卡中"插入脚注"或"插入尾注"命令。"插入脚注"命令默认的编号格式为"1,2,3,…","插入尾注"命令默认的编号格式为"i,ii,iii,…"。若用户需要修改注释内容出现的位置或自定义编号格式,需单击"脚注和尾注"对话框启动器,在"脚注和尾注"对话框进行设置。

同步练习

　　调入考生文件夹中的 ed_4.docx 文档,参考样张(图 3－90),按照下列要求操作:

　　(1) 将文档页面的页边距设置为"适中"。

　　(2) 参考样张,给文章添加艺术字标题"创新教育",采用第 5 行第 3 列样式,艺术字形状为"朝鲜鼓",字号为 80,嵌入文本行中。

　　(3) 参考样张,在标题下方插入矩形框,无边框,填充色为浅绿色;添加文字"以人为本",字体设置为黑体、白色、加粗、小四,字符缩放 200%,字符间距增加 5 磅,在其后添加文字"本版责编:王小虎　编辑邮箱:123456@qq.com",字体设置为宋体、5 号、白色、加粗。

　　(4) 参考样张,在标题右侧插入文本框,不显示边框、无填充颜色,添加文字"第 63 期",设置字体为隶书、二号,居中显示,其中"63"设置为带圈字符,红色;添加文字" 2015 年 7 月 26 日""主办:创新教育委员会",字体为四号,居中显示。

　　(5) 为页面添加艺术型边框"🌲 🌲 🌲 🌲"。

　　(6) 将文档正文的第一段设置"首字下沉"效果,下沉行数为 2,距正文 0.2 厘米;设置字体为华文新魏,蓝色。

图 3－90　样张

（7）将正文其余各段首行缩进 2 个字符。

（8）将文档正文的第二段分成等宽的两栏，栏宽为 22 字符，栏间加分隔线。

（9）在正文适当的位置插入图片"C1. jpg""C2. jpg"，设置"C1. jpg"图片大小为 50%，图片效果为"柔化边缘椭圆"；设置"C2. jpg"图片大小为 45%，图片效果为"棱台矩形"。

（10）为页面添加背景颜色"红色 淡色 80%"。

（11）将编辑好的文件以文件名：DONE_4，文件类型：RTF 格式（＊. RTF）保存到考生文件夹。

案例三　制作红头文件

案例情境

学院人事处小张需要利用 Word 2010 文字处理软件制作一份有关学院专业技术职务评定的通知，要求按学院红头文件的标准制作。首先在新的文档中进行内容录入，并对录入的内容及文档页面进行格式设置，最后打印输出或保存至指定的文件目录下。

案例素材

.. \案例三\操作要求. docx

.. \案例三\考生文件夹\3.3 通知内容. txt

任务 1　制作人事处红头文件模板

小张按照人事处要求，利用 Word 2010 文字处理软件制作一份红头文件模板，以后发文可直接套用。

1. 启动 Word 2010，新建一个空白模板。

◆ 操作步骤

（1）单击 Windows"开始"菜单中的"所有程序"，打开菜单中的"Microsoft Office"，在其下级菜单中单击"Microsoft Word 2010"，启动 Word 2010，如图 3 - 91 所示。

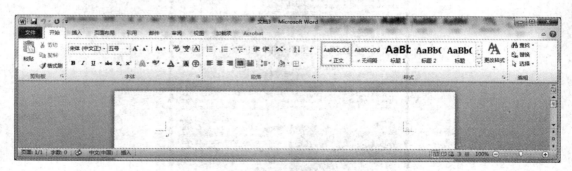

图 3 - 91　启动 Word 2010

（2）单击"文件"菜单中的"新建"命令，然后单击"我的模板"，在弹出的对话框中单击"模板"，如图 3 - 92 所示，最后单击"确定"按钮即可。

图 3-92　"新建"对话框

2. 设置模板页面"页边距"，上:**3.7 厘米**，下:**3.5 厘米**，左:**2.8 厘米**，右:**2.6 厘米**；模板页面"每行"**30 个字符**，"每页"**28 行。**

◆ 操作步骤

（1）在"模板 1"窗口中单击功能区"页面设置"选项卡中的"页边距"命令，弹出如图 3-93 所示的对话框，将页边距分别设置为上:3.7 厘米，下:3.5 厘米，左:2.8 厘米，右:2.6 厘米。

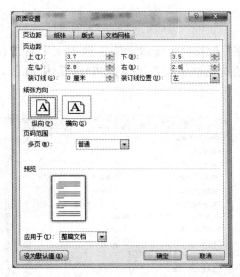

图 3-93　"页面设置"之"页边距"

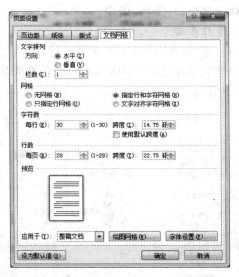

图 3-94　"页面设置"之"文档网格"

（2）单击图 3-93 中的"文档网格"选项卡，如图 3-94 所示，单击"指定行和字符网格"，然后将"每行"设置成"30"个字符，"每页"设置成"28"行。

（3）单击图 3-94 中的"字体设置"按钮，弹出如图 3-95 所示的对话框，在"字体"选项卡中设置中文字体为仿宋_GB2312、字号为三号，然后单击"确定"按钮，最后单击"页面设置"对话框的"确定"按钮完成页面设置。

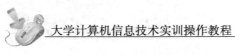

图 3－95　"页面设置"之"字体设置"

3.　录入文头文字"未来职业技术学院",并设置字体为初号、黑体、红色、居中,设置字符缩放 90％、字符间距为 5 磅;录入发文字号"院人字〔××××〕××号",设置字体为三号、仿宋体_GB2312、黑色、居中。

◆ **操作步骤**

（1）将"插入点"置于正文第一行,录入文字"未来职业技术学院",选中文字右击,在弹出的快捷菜单中选择"字体"命令,然后在弹出的对话框中设置字体为初号、黑体、红色,如图 3-96 所示。

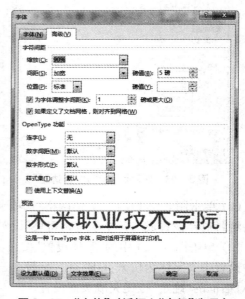

图 3－96　"字体"对话框　　　　**图 3－97　"字体"对话框之"高级"选项卡**

（2）单击"高级"选项卡,设置字符缩放 90％、字符间距加宽为 5 磅,如图 3-97 所示,单击"确定"按钮完成字体设置。

（3）在正文第二行录入文字"院人字〔×××××〕××号"，使用同样的方法设置字体为三号、仿宋体_GB2312、黑色。

（4）将两行都选中，单击功能区"开始"选项卡中的"居中"按钮 ，使得两行文字居中显示。

4. 插入水平横线，设置横线粗细为 3 磅，颜色为红色。

◆ **操作步骤**

将"插入点"置于正文第三行，单击功能区"开始"选项卡中的下框线按钮 旁的下拉箭头，在弹出的菜单中选择横线，然后双击横线，在弹出的对话框中设置横线高度为 3 磅，颜色为红色，如图 3 - 98 所示。

图 3 - 98 "设置横线格式"对话框

5. 在模板页面底端录入"主题词：""未来职业技术学院办公室××××年××月××日印发"，并设置字体为仿宋_GB2312、字号为四号、加下划线。

◆ **操作步骤**

（1）将"插入点"置于正文倒数第二行录入"主题词："，在最后一行录入"未来职业技术学院办公室××××年××月××日印发"。

（2）选中这两行文字，使用上述方法设置字体为仿宋_GB2312、字号为四号、加下划线，如图 3 - 99 所示。

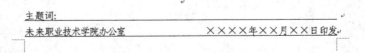

图 3 - 99 页面底端文字示例

6. 保存红头文件模板。

◆ **操作步骤**

单击"文件"菜单中的"另存为"命令，在弹出的对话框中，确认文件存放路径为"C：\Users\indian\AppData\Roaming\Microsoft\Templates"，修改文件名为"人事处红头文件模板"，确认保存类型"Word 模板（＊.dotx）"，如图 3 - 100 所示。单击"保存"按钮，关闭 Word 2010。

图 3 - 100 "另存为"对话框

任务 2 制作学院专业技术职务评定的通知

小张基于任务 1 的模板，新建一个文档，并录入学院专业技术职务评定的通知的内容（通知内容可直接从案例素材文件"3.3 通知内容.txt"中复制）。

1. 启动 Word 2010，新建一个基于模板的文档。

◆ 操作步骤

（1）若 Word 2010 已启动，请直接进行第（2）步操作，否则请单击 Windows"开始"菜单中的"所有程序"，打开菜单中的"Microsoft Office"，在其下级菜单中单击"Microsoft Word 2010"，启动 Word 2010。

（2）单击"文件"菜单中的"新建"命令，然后单击"我的模板"，在弹出的对话框中单击"人事处红头文件模板.dotx"，如图 3 - 101 所示，最后单击"确定"按钮即可。

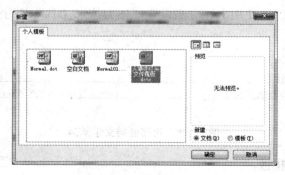

图 3 - 101 "新建"对话框

2. 录入通知内容，参考样张（图 3 - 106），调整文本格式及位置。

◆ 操作步骤

（1）打开案例素材文件"3.3 通知内容.txt"，复制全部内容到当前文档中。

（2）选中正文标题，设置字体为黑体、加粗、居中。

（3）选中主送机关文本，设置字号四号、加粗、左对齐。

（4）选中正文及附件文本，设置字号四号；然后右击选中的文本，在弹出的快捷菜单中单击"段落"命令，在弹出的对话框中设置"特殊格式"为首行缩进 2 字符，行距为 1.2 倍，如图 3 - 102 所示。

图 3 - 102　"段落"对话框

（5）选中落款文本，设置字号四号，右对齐。

（6）在主题词后面分别输入"职务""评审""办法""通知"。

（7）修改发文字号为"院人字〔2014〕11 号"，修改印发日期为"2014 年 10 月 29 日印发"。

（8）删除落款后面的部分空行，使得页面底端文本回到原来位置。

3. 制作公章的电子格式。

◆ 操作步骤

（1）单击"文件"菜单，新建一个空白文档。

（2）单击功能区"插入"选项卡中的"形状"命令，然后选择"椭圆"形状，如图 3 - 103 所示，按住【shift】键，在文档中绘制出一个正圆。

（3）单击功能区"绘图工具-格式"选项卡中的"形状填充"，选择无填充颜色，然后单击"形状轮廓"，选择"红色"，并将"粗细"改为"4.5 磅"，如图 3 - 104 所示。右击圆形边框，在弹出的快捷菜单中选择"置于顶层"（提示：此操作的目的是在最后"组合"时便于选中圆形）。

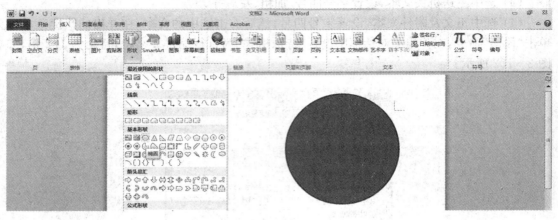

图 3 – 103 插入形状

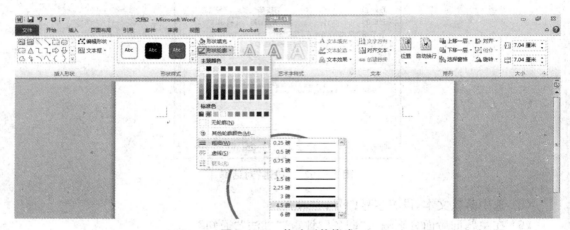

图 3 – 104 修改形状格式

（4）单击功能区"插入"选项卡中的"艺术字"命令，选择第一种样式，然后在文档中输入"未来职业技术学院"，并修改字体大小使之与自己绘制的圆相匹配。将"文本填充"和"文本轮廓"均修改为红色，单击"文本效果"中的"转换"，选择"跟随路径"中的"上弯弧"，如图 3 – 105 所示，拖动艺术字周围的句柄来慢慢调整艺术字的整体大小与弧度。

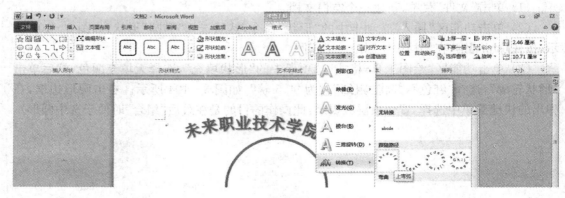

图 3 – 105 艺术字"文字效果"

（5）单击功能区"插入"选项卡中的"形状"命令，然后选择最下面的"五角星"形状，按住【Shift】键不放，在文档中拖动鼠标画出正五角星；选中"五角星"进入"格式"选项卡，"形状填充"与"形状轮廓"全部设置成红色；修改"五角星"大小，使之与圆的大小相匹配，参考图 3－106。

图 3－106　红头文件样张

（6）选中所有对象，单击功能区"绘图工具-格式"选项卡中的"组合"，选择"组合"，最后复制公章到通知文档中，并将公章放置在落款处，如图 3－106 所示。

4. 保存红头文件。

◆ **操作步骤**

单击"文件"菜单中的"另存为"命令，在弹出的对话框中，将"保存位置"定位到"考生文件夹"，修改文件名为"DONE_5"，确认保存类型"Word 文档(∗.docx)"。单击"保存"按钮，关闭 Word 2010。

任务 3　制作附件

小张需要掌握 2015 年参与学院专业技术职务评定的所有教师的基本信息，因此，他在通知后面附加了一个附件（图 3－107）。

附件：

2014 年未来职业技术学院初、中级专业技术职务申请汇总表

序号	工号	姓名	部门	岗位	学历、学位	现从事专业、研究方向	现任专业技术职务	聘用时间	拟申请专业技术职务

图 3－107　附件样张

1. 启动 Word 2010,新建一个空白文档。

◆ 操作步骤

单击 Windows"开始"菜单中的"所有程序",打开菜单中的"Microsoft Office",在其下级菜单中单击"Microsoft Word 2010",启动 Word 2010。

2. 设置纸张方向为"横向"。

◆ 操作步骤

单击功能区"页面布局"选项卡中的"纸张方向"命令,在弹出的菜单中选择"横向"。

3. 录入文字"附件:""2014 年未来职业技术学院初、中级专业技术职务申请汇总表",并设置相应的格式。

◆ 操作步骤

将"插入点"定位到文档的首部,输入"附件:",设置字体为四号、加粗;按键盘上的【Enter】(回车)键,另起一行,输入文字"2014 年未来职业技术学院初、中级专业技术职务申请汇总表",设置字体为四号。

4. 创建表格。

◆ 操作步骤

(1) 将"插入点"定位到标题下面一行,单击功能区"插入"选项卡中的"表格"命令,在弹出的菜单中单击"插入表格"命令,弹出"插入表格"对话框,设置列数为"10",行数为"15",如图 3-108 所示,单击"确定"按钮即可。

图 3-108 "插入表格"对话框

(2) 参考样张,在表格第一行输入相应的文字;拖动列与列之间的分隔线,调整各列宽至适合的大小。

5. 保存附件。

◆ 操作步骤

单击"文件"菜单中的"另存为"命令,在弹出的对话框中,将"保存位置"定位到"考生文件夹",修改文件名为"2014 年学院初、中级专业技术职务申请汇总表",确认保存类型"Word 文档(∗.docx)",然后单击"保存"按钮,关闭 Word 2010。

◆ 知识点剖析

1. 模板

模板是一种固定格式,它定义了文档的整体布局及相关内容的格式。通过模板来建立文档,可以按照模板的格式开始生成一份文档,省去了格式化的操作,而且使得基于同一模板创建的不同文档具有相同的格式。模板分为公用模板和文档模板两种。公用模板，即 Normal 模板，是 Word 提供的默认模板"空白文档"；文档模板是 Word 的内置模板，如报告、备忘录、传真等，用户也可以自定义模板。

（1）新建模板

如果用户需要经常使用某种格式的模板，但系统没有提供符合要求的模板，那么用户可以自行创建该种格式的模板。创建模板既可以以一个已有的文档为基准，也可以以一个已有的模板为基准。

单击"文件"菜单的"新建"命令，在"新建"面板中，可以单击"我的模板"，然后选择"空白文档"；也可以单击"样本模板"，基于一个已有的模板新建，如图 3-109 所示；还可以基于 office.com 模板创建。

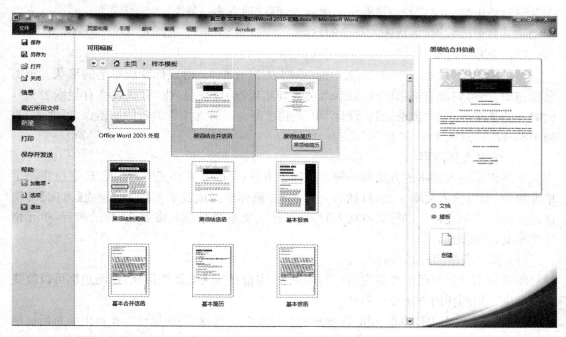

图 3-109　新建模板

（2）保存模板

这一步也是特别要注意的，它将关系到新建的模板保存后，能不能被方便地应用，其中有两个注意点：一是模板保存的路径"C:\Users\indian\AppData\Roaming\Microsoft\Templates"；二是模板保存的类型"Word 模板（＊.dotx）"。

（3）利用模板新建文档

可以使用系统中提供的模板或用户自定义的模板新建文档，这里主要介绍用户自定义的模板新建文档。如果用户能够正确地保存模板，那么它将会出现在"文件"菜单中的"新建"面板的"我的模板"中。前面案例中已提及，这里不再赘述。

2．表格

表格是文档中经常要遇到的处理对象，Word 的表格处理功能强大，可以快速创建、编辑和排版表格。

（1）创建表格

将"插入点"定位到要创建表格的位置,单击功能区"插入"选项卡中的"表格"命令,弹出如图3－110所示的"插入表格"面板,此时有3种常见的插入表格的方法:

• 在面板上方的方框内移动鼠标,选定所需要的行数、列数,单击鼠标即可,这里最多可以创建10行8列的表格。

• 单击面板中的"插入表格"命令,弹出如图3－108所示的对话框,在其中输入需要的列数和行数,可以使用"自动调整"操作中的三个选项调整列宽。

• 单击面板中的"快速表格"命令,弹出"内置表格样式列表"面板,单击某一样式的表格即可实现插入,但这种方式一般需要删除其自带的数据,重新输入自己的数据。

图3－110 "插入表格"面板

（2）手工绘制表格

单击图3－110"插入表格"面板中的"绘制表格"命令,此时鼠标变成铅笔的形状。单击鼠标拖动,即可完成表格边框的绘制,既可绘制直线也可绘制斜线(有些表格有斜线表头),同时在功能区会出现"表格工具-设计"和"表格工具-布局"选项卡。若绘制错误,可使用"表格工具-设计"选项卡中的"擦除"功能。

（3）编辑表格内容

在表格中输入文本的方法与一般文本输入方法相同,只要将光标(插入点)定位到一个单元格中,即可输入文本。光标(插入点)可通过鼠标单击或键盘上【Tab】键或【方向】键快速定位到任意单元格。进行文本输入时,如果输入文本超过单元格宽度,自动换行,单元格宽度不变,高度增加。

（4）调整表格的行高、列宽

将鼠标指针指向要改变高度的行的边框上,当指针变为双箭头形状,拖动边框可以改变行的高度。用同样的方法改变列宽。

另外,还可以右击任意单元格,在弹出的快捷菜单中选择"表格属性",在弹出的对话框中单击"行"选项卡,如图3－111所示。切换到"列"选项卡即可设置列宽,方法与设置行高相同。

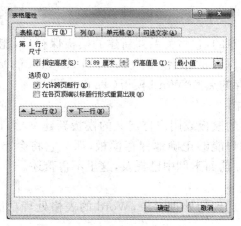

图3－111 "表格属性"对话框

如果需要多行或多列具有同样的高度或宽度,请选定这些行或列,然后单击"表格工具-布局"选项卡中的"分布行"或"分布列"命令即可。

(5) 增加行或列

若要在某一行相邻位置插入新行,首先将光标置于此行中,然后单击"表格工具-布局"选项卡中"行和列"栏的相应命令即可,如图 3-112 所示。插入列的方法与行相同。

图 3-112　"表格工具-布局"选项卡之"行和列"栏　　**图 3-113　"删除"菜单**

> ▶ 提示:
>
> 　　在 Word 和 Excel 中重复的操作可以按【F4】键,如先用鼠标操作插入了一行,当你后面要再插入一行时,只要按【F4】键就可以了。

(6) 删除单元格、行或列

选定需要删除的单元格、行或列,然后单击"表格工具-布局"选项卡中"行和列"栏的"删除"命令,在弹出的菜单中选择相应的操作,如图 3-113 所示。

(7) 合并、拆分单元格

合并:选中两个以上的相邻单元格,右击弹出快捷菜单,单击"合并单元格"命令,或单击"表格工具-布局"选项卡中的"合并单元格"命令即可将多个单元格合并为一个单元格,如图 3-114 所示。

图 3-114　"表格工具-布局"选项卡之"合并"栏　　**图 3-115　"拆分单元格"对话框**

拆分:右击某个单元格,在弹出的快捷菜单中单击"拆分单元格"命令,或将光标置于某个单元格中,单击"表格工具-布局"选项卡中的"拆分单元格"命令,如图 3-114 所示,在弹出的对话框中输入要拆分的列数和行数,如图 3-115 所示,最后单击"确定"按钮即可。

(8) 拆分表格

将光标置于要成为第二个表格首行的行中,单击"表格工具-布局"选项卡中的"拆分表格"命令,或使用【Ctrl+Shift+Enter】组合键,即可将表格拆分成两个部分。若要将拆分的表格置于两页上,需使用【Ctrl+Enter】组合键。

> ▶ 提示:
>
> 　　删除两个表格间的空白,即可合并两个表格。

（9）改变表格大小

将鼠标移到表格的右下角，当鼠标指针变成斜向双线箭头时，单击鼠标左键拖动，即可改变表格的长度和宽度。

（10）表格自动调整

表格编辑完后，因为数据元素的长度不一致，往往需要进行调整，手动操作比较麻烦，而且精确度不高。Word 提供了自动调整功能，选定表格，单击"表格工具-布局"选项卡中的"自动调整"命令，用户根据需求在弹出的菜单中设定，如图 3-116 所示。

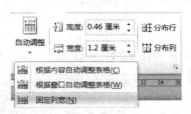

图 3-116　"表格工具-布局"选项卡之"自动调整"命令

（11）设置表格对齐方式和文字环绕

右击表格，在弹出的快捷菜单中单击"表格属性"命令，弹出如图 3-117 所示的对话框。在"对齐方式"和"文字环绕"区域分别设置即可。

图 3-117　"表格属性"对话框

（12）设置表格边框和底纹

选定需要设置边框和底纹的表格部分，右击，在弹出的快捷菜单中选择"边框和底纹"命令，或在图 3-117 中单击"边框和底纹"按钮，打开"边框和底纹"对话框，单击"边框"选项卡，设定表格的边框类型、线型、颜色和线条宽度。单击"底纹"选项卡，在"底纹"对话框中设置所需的底纹效果。

另外，Word 还为我们准备了可以套用的样式，单击"表格工具-设计"选项卡中的表格样式即可，如图 3-118 所示。

图 3－118　"表格工具-设计"选项卡

（13）单元格对齐方式

右击单元格，在弹出的快捷菜单中选择"单元格对齐方式"，或单击"表格工具-布局"选项卡中的"对齐方式"栏命令，对齐方式共 9 种，如图 3－119 所示。

图 3－119　"表格工具-布局"选项卡之"对齐方式"栏

（14）在后续页上重复表格标题

如果表格的内容超过一页，那么我们希望在后续表格自动重复该表格的标题行，以增强表格的可读性。选择需要在后续表格中作为标题重复出现的一行或多行，选定内容必须包括表格的第一行。单击"表格工具-布局"选项卡中的"数据"栏的"重复标题行"命令即可，如图 3－120 所示。

图 3－120　"表格工具-布局"选项卡之"数据"栏

（15）防止表格跨页断行

为了保持表格的完整，防止表格被分割在两个不同的页面，可以采用下面的设置：右击表格，在弹出的快捷菜单中单击"表格属性"命令，打开"表格属性"对话框，单击"行"选项卡，如图 3－111 所示，取消选中的"允许跨页断行"复选框。

（16）表格与文本的转换

Word 中允许文本与表格进行转换。从表格转成文本时，对表格没有特别的要求，而从文本转表格时，需要将文本进行格式化，要求每行使用段落标记分开，每列使用分隔符（例如制表位、逗号、空格等）分开。

选定要转换的表格或表格内的部分行，单击"表格工具-布局"选项卡中的"数据"栏的"转换成文本"命令，弹出如图 3－121 所示的对话框。选择一种文字分隔符，替代表格边框，单击"确定"按钮。

图 3－121　"表格转换成文本"对话框

(17) 文本转换成表格

按要求对文本进行格式化,然后选定要转换的文本,单击功能区"插入"选项卡中的"表格"命令,弹出如图 3-110 所示的"插入表格"面板,单击"文本转换成表格"命令,弹出如图 3-122 所示的对话框。按要求设定表格的尺寸,在"文字分隔位置"区域,选择文本格式化时所采用的分隔符,单击"确定"按钮。

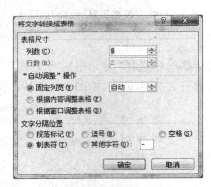

图 3-122 "将文本转换成表格"对话框

(18) 表格的计算

Word 表格也能像 Excel 电子表格一样,执行一些简单的四则运算和常见的函数运算。

将"插入点"定位到存放计算结果的单元格,然后单击"表格工具-布局"选项卡中的"数据"栏的"公式"命令,在弹出的对话框中输入计算函数,如图 3-123 所示,单击"确定"按钮即可。

公式中默认的是求和函数 SUM(),用户可以通过"粘贴函数"下拉列表框调用其他的函数。

函数后面的括号中输入所有参与运算的单元格的名称,单元格命名方式与 Excel 相同,所有的列按照 A、B、C、D、…的次序排列,所有的行按照 1、2、3、4、…的次序排列,每个单元格的名称由它所在列号和行号组成,例如 A3,B4 等。如果参与计算的是一个连续的区域,可以用"起始单元格名称:终止单元格名称"表示,例如"A1:C3"。多个不相邻的区域之间用逗号隔开,例如"A1:C3,D5,E6"。

图 3-123 "公式"对话框

(19) 表格排序

原始表格中的数据通常是无序的,如果要对其进行排序,可以选中数据,单击"表格工具-布局"选项卡中的"数据"栏的"排序"命令,弹出如图 3-124 所示的对话框,其中排序关键字最多可以设置 3 个。

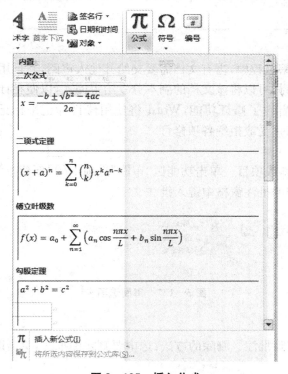

图 3 - 124　"排序"对话框

3. 插入公式

利用 Word 的公式编辑器程序,可以非常方便地制作具有专业水准的公式效果,产生的公式可以像图形一样进行编辑和排版操作。Word 提供内置常用数学公式供用户直接选用,同时也提供数学符号库供用户构建自己的公式。对于自建公式,用户可以保存到公式库,以便重复使用。

(1) 插入内置公式

将"插入点"定位到要插入公式的位置,选择功能区"插入"选项卡中的"公式"命令,在出现的列表中单击需要的公式即可,如图 3 - 125 所示。

图 3 - 125　插入公式

(2) 创建自建公式

如果用户需要的公式不是内置公式,则需要创建自建公式(图 3 - 126)。

单击功能区"插入"选项卡中的"公式"命令上方"PI",或者单击图 3-125 中的"插入新公式"命令,此时功能区会出现"公式工具-设计"选项卡,同时在文档区公式输入框,用户可根据自己的需求选择包括分式、根式、积分和求和、矩阵等众多的公式样板或框架及多种数学符号。当公式制作后,单击公式输入框外的任意区域可完成公式的插入。

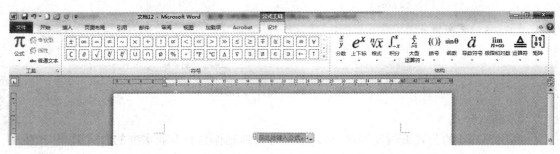

图 3-126　创建自建公式

> ▶ 提示:
>
> 　　如果自建公式与某一内置公式结构相同,可先插入内置公式,再做适当修改。如果经常使用某一自建公式,可选中创建好的公式,单击其右下角的下拉按钮,在出现的菜单中选择"另存为新公式"命令,将自建公式保存到公式库,供以后直接调用。

4. 批注和修订

在编写论文或书籍过程中,当有文档需要交给其他人审阅,并且用户希望能够控制决定接受或拒绝哪些修改时,可以将该文档的副本分发给审阅人,以便在计算机上进行审阅并将修改标记出来。如果启用了修订功能,Word 将使用修订标记来标记文档中所有的修订。查看修订后,用户可以接受或拒绝各项修订。

(1) 插入批注

选定要批注的文本或项目。单击功能区"审阅"选项卡的"新建批注"命令,如图 3-127 所示,然后在屏幕右侧的批注窗格中键入批注文字。

图 3-127　审阅选项卡

(2) 删除批注

如果需要,可以删除批注。删除的方法:选中要删除的批注,单击图 3-127 中的"删除"按钮。

(3) 标注修订

打开要修订的文档,单击图 3-127 中的"修订"按钮,插入、删除或移动文字或图形,进行所需更改。用户也可更改任何格式。

（4）接受或拒绝修订

当接到审阅后的书籍文档后，可以查看审阅人对文档所做的修订，并决定是否接受或者拒绝这些修订。利用图 3-127 中的"接受"或"拒绝"按钮对修订内容进行确认。

5. 文档打印

（1）打印预览

对排版后的文档进行打印之前，应先对其进行打印预览，查看页面效果是否需要调整。

单击"文件"菜单的"打印"命令，出现如图 3-128 所示的"打印"窗口，窗口右侧为预览区域，用户设置的纸张方向、页面边距等都可以通过预览区域查看最终效果，用户还可以通过调整窗口右下角的滑块改变预览视图的大小。

（2）打印

打印预览后，若不需要再做调整，选择已联机的打印机，设置好打印选项，装好打印纸，单击"打印"按钮即可实现打印输出。

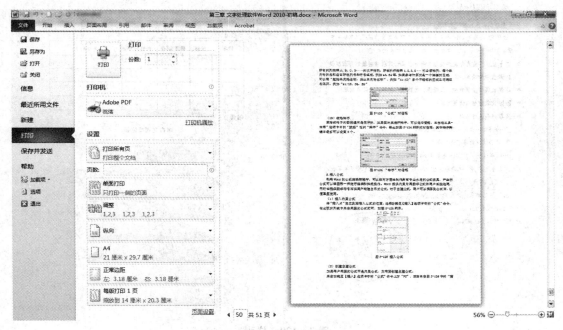

图 3-128 "打印"窗口

同步练习

调入考生文件夹中的 ED_6.docx 文件，参考样张（图 3-129），按下列要求进行操作：

（1）将页面设置为：A4 纸，上、下页边距为 2.6 厘米，左、右页边距为 3 厘米，每页 46 行，每行 40 个字符。

（2）参考样张，设置通知标题字体为黑体、二号、红色、居中，设置标题段前、段后均为 0.5 行，1.25 倍行距。

（3）将正文（除第一段外）各段首行缩进 2 字符。

（4）为正文第三段至第六段添加项目符号"●"。

（5）将正文最后两段（即落款）设置为段前、段后均为 0.5 行，1.25 倍行距，右对齐，并适当调整日期位置，如样张所示。

（6）制作"江苏省高校计算机教学研究会"公章，并将其摆放在落款处（提示：可在"新建文档"中制作，完成后将其复制到当前文档中适当的位置）。

（7）参考样张，在第二页录入"附件 1：……"等文字，并绘制如样张所示的表格。

（8）参考样张，录入"附件 2：……"等文字，然后插入交通图. bmp，适当调整图片大小，使其显示在第二页中。

（9）将编辑好的文件以文件名：DONE_6，文件类型：RTF 格式（＊.RTF）保存到考生文件夹。

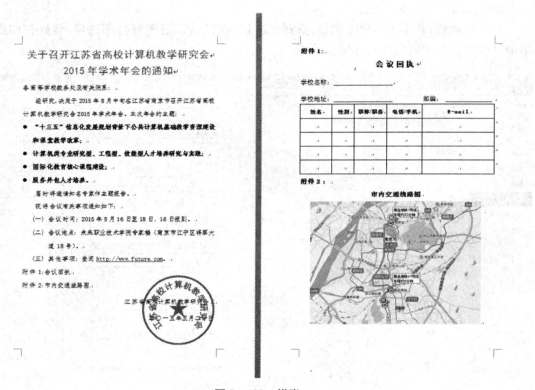

图 3 - 129　样张

第 **4** 章
电子表格软件 Excel 2010

 学习目标

Excel 2010 是目前最强大的电子表格制作软件之一,它不仅具有强大的数据管理、计算、分析与统计功能,还可以通过图表、图形等多种形式对处理结果进行形象化展示,能够方便地与 Office 2010 其他组件进行数据交换,实现资源共享。

 本章知识点

1. 熟悉电子表格的编辑:数据输入、编辑、查找、替换;单元格删除、清除、复制、移动;填充柄的使用。

2. 掌握公式、函数应用:公式的使用;相对地址、绝对地址的使用;常用函数(SUM、AVERAGE、MAX、MIN、COUNT、IF)的使用。

3. 熟悉工作表的格式化:设置行高、列宽;行列隐藏与取消;单元格格式设置。

4. 掌握图表的创建、修改、移动和删除。

5. 掌握数据列表的常见处理方式:数据列表的编辑、排序、筛选及分类汇总;数据透视表的建立与编辑。

6. 熟悉工作簿管理及保存方式:工作表的创建、删除、复制、移动及重命名;工作表及工作簿的保护、保存。

 重点与难点

1. 公式与函数的使用;

2. 跨工作表或跨工作簿计算;

3. 自定义序列,并按照自定义序列对数据进行排序;

4. 对数据进行高级筛选;

5. 数据的分类汇总和数据透视表;

6. 图表的创建及修改。

案例一 制作员工绩效考核表

案例情境

人事处陈玲需要利用 Excel 2010 电子表格软件制作一份员工绩效考核表,要求对单位的工作人员进行绩效考核。首先在新的工作表中进行数据录入,并对录入的数据进行格式设置,然后对当前工作表进行页面设置,最后打印输出或保存至指定的文件目录下。

案例素材

4.1 员工绩效考核表.txt

任务 1 导入数据并保存工作簿

陈玲按照人事处要求,利用 Excel 2010 电子表格导入"员工绩效考核"数据清单,并对 Excel 工作簿进行保存。

1. 将"员工绩效考核表.txt"转换至新的 Excel 工作簿,数据自 Sheet1 工作表中的 A3 单元格开始存放。

◆ 操作步骤

(1) 单击"开始"菜单中的"所有程序",打开菜单中的"Microsoft Office",在其下级菜单中单击"Microsoft Excel 2010",启动 Excel 2010,如图 4-1 所示。

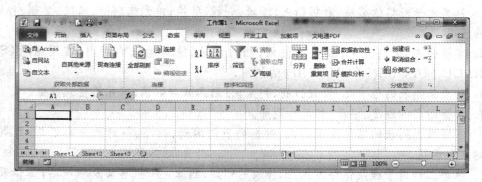

图 4-1 打开空白工作簿

(2) 单击"数据"菜单,在功能区单击"自文本"选项,弹出如图 4-2 对话框,在对话框中选择相应文件夹中的文本"员工绩效考核表.txt",单击"导入"按钮。

(3) 在弹出的对话框中,如图 4-3 所示,观察"预览文件数据区",根据数据之间间隔的特征,选择"分隔符号"选项,单击"下一步"。

(4) 根据对话框中的"数据预览",如图 4-4 所示,选择分隔符号为"逗号",单击"下一步"。

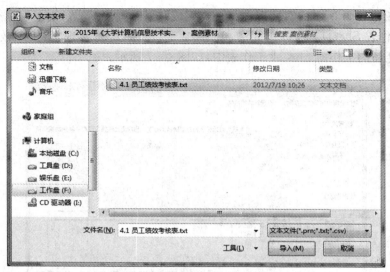

图 4-2　"导入文本"对话框

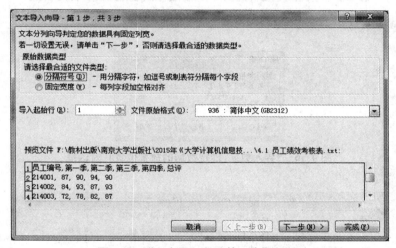

图 4-3　"文本导入向导第 1 步"对话框

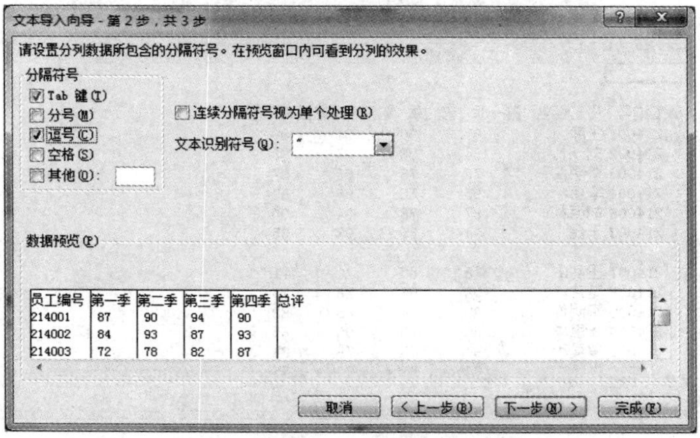

图 4-4　"文本导入向导第 2 步"对话框

（5）在如图 4-5 所示的对话框中，单击"完成"按钮，弹出"导入数据"对话框，如图 4-6 所示，选择工作表 Sheet1 的 A3 单元格，单击"确定"按钮，即可实现"员工绩效考核表.txt"的数据转换至新的工作簿 Sheet1 工作表中，如图 4-7 所示。

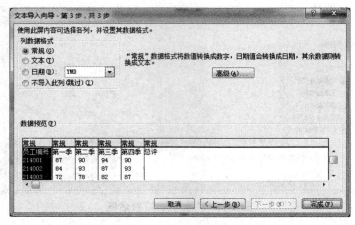

图 4-5 "文本导入向导第 3 步"对话框

图 4-6 "导入数据（确定数据的放置位置）"对话框

图 4-7 "数据导入"窗口

◆ 知识点剖析

1. 启动电子表格软件 Excel 2010

启动 Excel 2010 有很多方式，主要有三种方法：

(1) 利用"开始"菜单。单击"开始"菜单中的"所有程序"，打开菜单中的"Microsoft Office"，在其下级菜单中单击"Microsoft Excel 2010"，启动 Excel 2010。

(2) 利用桌面快捷图标。双击桌面上的 Excel 快捷图标，启动 Excel 2010。

(3) 利用已有的 Excel 文档。双击已有的 Excel 文档或 Excel 文档的快捷方式，启动 Excel 2010。

2. 退出 Excel 2010 工作簿

退出 Excel 2010 工作簿有很多种方法，常见操作方法如下：

(1) 单击"文件"菜单下的"退出"选项。

(2) 单击 Excel 2010 窗口右上角的红色关闭按钮。

(3) 双击 Excel 2010 窗口左上角的 Excel 图标。

(4) 单击 Excel 2010 窗口左上角的 Excel 图标，在快捷菜单中选择"关闭"命令。

(5) 使用系统提供的【Alt＋F4】组合键。

3. 创建空白工作簿

创建空白工作簿有很多种方法，常见的操作方法如下：

(1) 启动 Excel 2010 时将自动新建一个空白工作簿"工作簿 1. xlsx"，Excel 2010 工作簿的扩展名为. xlsx。

(2) 单击"快速访问工具栏"的"新建文档"按钮，即可创建一个空白工作簿。

(3) 单击"文件"菜单中的"新建"命令，如图 4-8 所示，选择"新建空白工作簿"。

图 4-8 新建空白工作簿

① 可用模板：常用模板有"空白工作簿""最近打开的模板""样本模板""我的模板""根

据现有内容新建"等,选择任意一种模板,即可创建新的工作簿。

② Office.com 模板:包含"会议议程""预算""日历"等,选择任意一种模板类型,即可创建新工作簿。

"新建"命令包含了大量格式化的 Excel 模板,用户可以通过这些模板创建带有一定格式的 Excel 文档。

> ▶ 提示:
>
> 　　新建工作簿时,系统会默认创建 3 个工作表,名称分别为 Sheet1、Sheet2、Sheet3。

4. 数据录入

在 Excel 中,可以输入数值、文本、日期等各种类型的数据。输入数据的基本方法是选中单元格,输入数据,按【Enter】键或【Tab】键确认输入。也可以通过导入其他文件中的数据完成录入工作。

(1) 输入文本与数据

文本输入相对比较简单,这里重点介绍负数、分数、时间和特殊文本的输入方法。

① 输入负数

常见输入负数的方法有两种:

第一种,选取单元格,单击需要输入负数的单元格,先输入"一",然后再输入负数的数值;

第二种,输入负数的数值,并给该数值添加英文状态下的圆括号"()",如图 4－9 所示。

	A	B	C	D
	股票代码	股票名称	最新价	涨跌额
1				
2	002030	达安基因	32.07	2.92
3	000623	吉林敖东	29.52	2.41
4	600056	中国医药	16.16	1.59
5	000078	海王生物	13.02	0
6	600292	九龙电力	20.77	1.89
7	600247	ST成城	17.51	-0.51
8	000815	ST美利	18.38	(1.32)

图 4－9　输入负数

② 输入分数

在 Excel 中输入分数比较特殊,输入分数时,必须在分数前输入"0"和空格,否则 Excel 会自动将其识别为日期格式。

a. 单击需要输入分数的单元格;

b. 依次输入"0"、空格和分数"1/2",如图 4－10 所示,单击【Enter】键后,分数显示在单元格中,如图 4－11 所示。

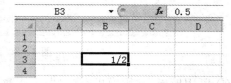

图 4－10　输入分数　　　　　图 4－11　分数输入后的显示状态

③ 输入文本类型数字

有些数字不是数值，而是代表了某些特殊规则的文本符号，如电话号码、证件号码、股票代码等，但在 Excel 中往往不能直接输入。常见输入方法如下：

第一种，单击需要输入数值型文本的单元格，键入英文状态下的单引号"'"，然后再输入数值，如"'000777"，显示结果如图 4－12 所示；

第二种，单击需要输入数值型文本的单元格，依次输入＝"000777"，按【Enter】键完成输入，如图 4－13 所示。

		A9		✕ ✓ *fx*	' 000777			A9		*fx*	' 000777
		A	B	C	D			A	B	C	D
	1	股票代码	股票名称	最新价	涨跌额		1	股票代码	股票名称	最新价	涨跌额
	2	002030	达安基因	32.07	2.92		2	002030	达安基因	32.07	2.92
	3	000623	吉林敖东	29.52	2.41		3	000623	吉林敖东	29.52	2.41
	4	600056	中国医药	16.16	1.59		4	600056	中国医药	16.16	1.59
	5	000078	海王生物	13.02	0		5	000078	海王生物	13.02	0
	6	600292	九龙电力	20.77	1.89		6	600292	九龙电力	20.77	1.89
	7	600247	ST成城	17.51	-0.51		7	600247	ST成城	17.51	-0.51
	8	000815	ST美利	18.38	-1.32		8	000815	ST美利	18.38	-1.32
	9	'000777	中核科技	23.72	2.16		9	000777	ⓘ亥科技	23.72	2.16

图 4－12　输入文本型数字　　　　　　**图 4－13　文本型数字的显示状态**

（2）导入数据

Excel 2010 工作表不仅可以存储处理本机的数据，还可以导入来自外部的数据信息。获取外部数据主要通过自 Access、自网站、自文本等途径。

① 导入外部数据——自文本

a. 选择"数据"菜单下的"获取外部数据选项卡"（自 Access、自网站、自文本、自其他来源），选择"自文本"。

b. 系统弹出"文本导入向导"对话框，选择导入的文本文件，第一步，文本向导会根据所导入的数据，判断是否是分隔符号还是固定宽度，如图 4－3 所示。若一切设置无误，单击"下一步"，否则请选择合适的数据类型。

c. 本步骤后，选择导入起始单元格，如图 4－6 所示，单击"确定"按钮，完成文本导入。

② 导入外部数据——自 Access

a. 选择"数据"菜单下的"获取外部数据选项卡"（自 Access、自网站、自文本、自其他来源），选择"自 Access"。

b. 系统弹出"选取数据源"对话框，如图 4－14 所示，选择需要导入的 Access 文件，单击"打开"按钮。

c. 在"选择表格"对话框中选择所需导入的名称，单击"确定"按钮，如图 4－15 所示。

d. 在"导入数据"对话框中，选择数据在工作簿中的显示方式和数据的放置位置，默认显示方式为"表"，默认数据的放置位置为"现有工作表"中的 A1 单元格，如图 4－16 所示。单击"确定"按钮，导入 Access 数据，如图 4－17 所示。

图 4-14　导入数据——自 Access("选取数据源"对话框)

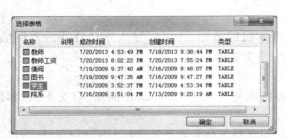

图 4-15　导入数据——自 Access("选择表格"对话框)

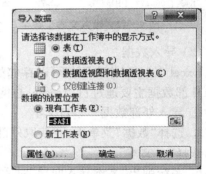

图 4-16　导入数据——自 Access
("导入数据"对话框)

图 4-17　导入数据——自 Access(完成数据导入)

③ 导入外部数据——自网站

a. 选择"数据"菜单下的"获取外部数据选项卡"（自 Access、自网站、自文本、自其他来源），选择"自网站"。

b、系统弹出"新建 Web 查询"对话框，如图 4 - 18 所示。在"地址"栏右侧的文本框中输入地址，如在地址栏中输入：http://www. zdxy. cn/jwc/content. aspx? id＝433，单击"转到"按钮，在网页中选择需要导入表格左侧的 按钮，单击"导入"按钮，弹出"导入数据"对话框，默认数据的放置位置为"现有工作表"中的 A1 单元格，如图 4 - 19 所示。单击"确定"按钮，即可导入所需要的表格数据，如图 4 - 20 所示。

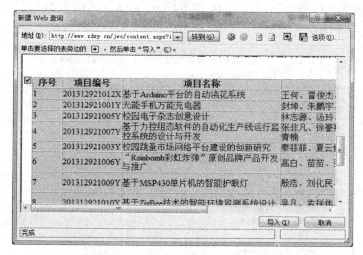

图 4 - 18　导入数据——自网站（"新建 Web 查询"对话框）

图 4 - 19　导入数据——自网站（"导入数据"对话框）

A	B	C	D	E	F
序号	项目编号	项目名称	学生	指导老师	评审结果
1	201312921012X	基于Arduino平台的自动浇花系统	王何、冒俊杰、张伟、张杰	陈康	优秀
2	201312921001Y	光能手机万能充电器	封坤、朱鹏宇、黄文捷	郑龙根、朱洁	优秀
3	201312921005Y	校园电子杂志创意设计	林志源、汤玲、居慧敏、金霄	钱抒、陈青阳	优秀
4	201312921007Y	基于力控组态软件的自动化生产线运行监控系	张非凡、徐豪翔、王光耀、刁欣彦、范青楠	钟家振、杨洁	优秀
5	201312921003Y	校园跳蚤市场网络平台建设的创新研究	秦菲菲、夏云юш、王曦、潘悦、崔加庆	王妍捷、梁爽	通过
6	201312921006Y	"Rainbomb彩虹炸弹"原创品牌产品开发与推	高白、苗苗、张嫒、杨丹丹、吕梦卉	王克祥、徐嘉嘉	通过
7	201312921009Y	基于MSP430单片机的智能护眼灯	殷浩、刘化民、朱孝林	车文荃、杨立生	通过
8	201312921010Y	基于ZigBee技术的智能环境监测系统设计	吴凡、孟祥伟、陆阳	刘俊起、鲁娟娟	通过
9	201312921011X	正德校园APP	管绍纬、张晶浩、厉俊峰、王继康、王国报	林涵阳、薛进	通过
10	201112921004Y	建立与维护基于ASP技术的新闻类网站内容管	王鹏飞、夏莹莹、吕倩、吴雯雯、许安琪	巢乃鹏、王子炬	通过
11	201212921010Y	高星级酒店行政楼层的高端商务客人的入住接	耿勋、姚华健、沈成、刘文	赵瑾、李涛	通过
12	201212921011X	汽车实训室社会服务实践探索	陆荣坤、李方超、温开安、马辉、顾晨阳	王忠明、吴鹏飞	通过

图 4 - 20　导入数据——自网站（完成数据导入）

2. 将 Sheet1 工作表命名为"2011 年"，工作簿名称保存为"4.1 员工绩效考核表"，保存类型为"Excel 工作簿(＊.xlsx)"，保存在"学号文件夹"中。

◆ 操作步骤

（1）重命名工作表的方法：

方法一，双击 Sheet1 工作表，使工作表名称呈反显状态，输入工作表名称为"2011 年"；

方法二，右击 Sheet1 工作表，在快捷菜单中选择"重命名"选项，使工作表名称呈反显状态，输入工作表名称为"2011 年"。

（2）单击"文件"菜单，选择"另存为"命令，在"另存为"对话框中选择"保存位置"为自己的学号文件夹，保存文件名为"4.1 员工绩效考核表.xlsx"，保存类型为"Excel 工作簿(＊.xlsx)"，如图 4－21 所示。

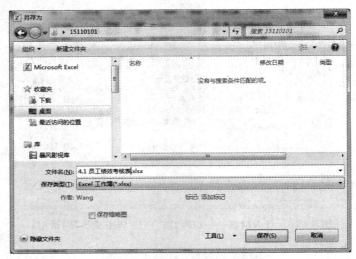

图 4－21 "另存为"对话框

◆ 知识点剖析

1. 选定工作表

在 Excel 2010 工作簿中往往包含多个工作表，因此，对工作表操作前需要选定工作表。选定工作表的常见操作有如下几种：

（1）选定单张工作表

直接单击需要选定工作表的标签即可，如图 4－22 所示选定 Sheet3 工作表。

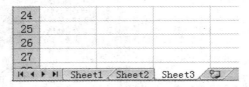

图 4－22 选定单张工作表

（2）选定连续的多张工作表

首先选定第一张工作表便签，然后按住键盘上【Shift】键不松开，再单击最后一张需要选定的工作表标签即可，如图 4－23 所示，同时选定 Sheet2 和 Sheet3 工作表。

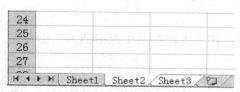

图 4 - 23 选定连续的多张工作表

（3）选定不连续的多张工作表

首先选定第一张工作表便签，然后按住键盘上【Ctrl】键不松开，再依次单击需要选定的工作表标签即可，如图 4 - 24 所示，同时选定 Sheet1 和 Sheet3 工作表。

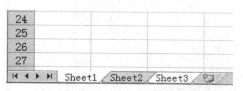

图 4 - 24 选定不连续的多张工作表

（4）选定工作簿中所有的工作表

方法一：首先选定第一张工作表便签，然后按住键盘上【Shift】键不松开，再单击最后一张工作表标签即可；

方法二：右击任意一张工作表标签，在弹出的快捷菜单中选择"选定全部工作表"命令即可，如图 4 - 25 所示。

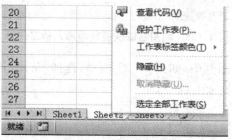

图 4 - 25 选定工作簿中的全部工作表

▶ **总结：**

表 4 - 1 工作表基本操作

选取范围	操作
整个表格	单击工作表左上角行列交叉的按钮 ，或按快捷组合键【Ctrl＋A】
单个工作表	单击需要选定的工作表标签
连续多张工作表	选定第一张工作表便签，按住键盘上【Shift】键不松开，再单击最后一张需要选定的工作表标签
不连续多张工作表	选定第一张工作表便签，按住键盘上【Ctrl】键不松开，再依次单击需要选定的工作表标签
选取工作簿中所有工作表	方法一：选定第一张工作表标签，按住键盘上【Shift】键不松开，再单击最后一张工作表标签；方法二：右击任意一张工作表标签，在弹出的快捷菜单中选择"选定全部工作表"命令

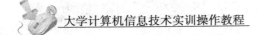

2. 插入工作表

如果工作表的数量不够,用户可以在工作簿中插入新工作表。插入新工作表的常见方法如下:

(1)单击"插入工作表"按钮

工作表切换标签的右侧有一个"插入工作表"按钮,单击该按钮可以快速新建工作表。

(2)使用右键快捷菜单

① 右击当前的活动工作表标签 Sheet2,在弹出的快捷菜单中选择"插入"命令,如图 4 - 26 所示;

图 4 - 26 利用右键快捷菜单插入新工作表

② 在弹出的"插入"对话框中,如图 4 - 27 所示,选择"常用"选项卡中的"工作表"选项,单击"确定"命令;

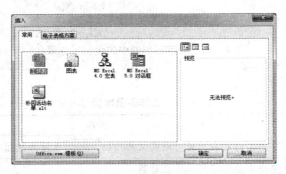

图 4 - 27 "插入"对话框

③ 默认在当前活动工作表 Sheet2 之前插入新的工作表 Sheet4,如图 4 - 28 所示。

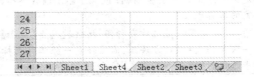

图 4 - 28 新插入的工作表

（3）使用"开始"菜单插入

单击"开始"菜单，在"单元格"选项卡中，单击"插入"选项中的"插入工作表"，如图4-29所示，默认在当前活动工作表之前插入新的工作表。

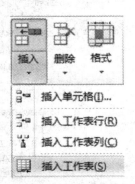

图4-29 "开始"菜单中"单元格"选项之"插入"命令

（4）快捷组合键【Shift+F11】

同时按住键盘上【Shift】键和【F11】，完成新工作表的插入。

3. 重命名工作表

在 Excel 2010 工作簿中，工作表的默认名称为 Sheet1、Sheet2、Sheet3…为了使工作表名称有意义，用户可以重新命名工作表名称。常见重命名工作表的方法如下：

（1）双击工作表标签

双击需要重命名的工作表标签，使工作表标签呈反显状态，直接键入新名称，按【Enter】键即可。

（2）使用右键快捷菜单

右击需要重命名的工作表标签，在快捷菜单中选择"重命名"选项，如图4-26所示。工作表标签呈反显状态后，直接键入新名称，按【Enter】键即可。

（3）使用"开始"菜单

首先选择需要重命名的工作表标签，然后单击"开始"菜单，在"单元格"选项卡中，单击"格式"选项中的"重命名工作表"，如图4-30所示，工作表标签呈反显状态后，键入新工作表名称。

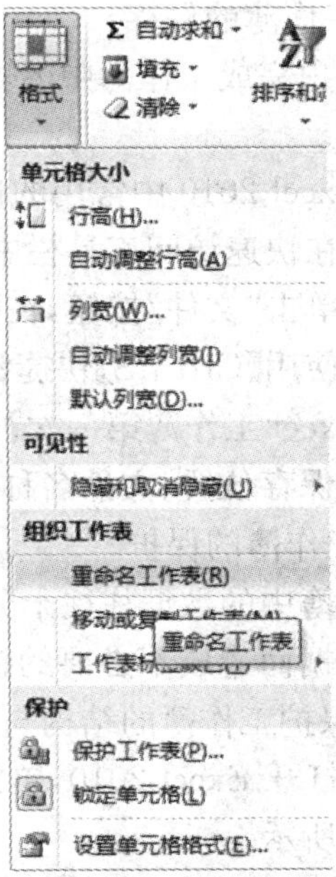

4. 设置工作表标签的颜色

为了区别显示某张工作表，用户可以通过设置工作表标签颜色来实现。操作方法如下：

方法一，右击需要设定颜色的工作表标签，如图4-26所示，在快捷菜单中选择"工作表标签颜色"下的任意一款颜色即可；

方法二，单击"开始"菜单，在"单元格"选项卡中，单击"格式"选项中的"工作表标签颜色"，如图4-31所示，选择其中的任意一款颜色即可。

图4-30 "开始"菜单中"单元格"选项之"格式"命令

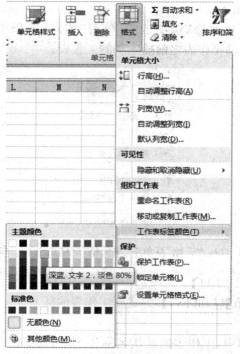

图 4－31 "开始"菜单中"单元格"选项之"工作表标签颜色"命令

5. 工作簿的保存

当用户完成工作簿中的数据编辑后,需要及时对其进行保存,避免由于一些突发状况而丢失数据。

在 Excel 2010 中常用的保存工作簿方法如下:

(1) 在快速访问工具栏中单击"保存"按钮;

(2) 单击"文件"按钮,在弹出的菜单中选择"保存"命令;

(3) 使用【Ctrl＋S】快捷键。

当 Excel 工作簿第一次被保存时,会自动打开"另存为"对话框。在对话框中可以设置工作簿的保存位置、文件名称以及文件格式等,参考图 4－21 所示。

6. 工作簿的保护

工作簿中的数据往往十分重要,为了防止误操作而改变其中的数据,或者防止他人复制或改动数据而造成不必要的损失。在 Excel 2010 中,用户可以为需要保护的工作簿设置密码,以便保护工作簿的结构与窗口。操作方法如下:

(1) 打开 Excel 2010,单击"审阅"菜单,在"更改"选项卡中单击"保护工作簿"按钮,如图 4－32 所示。

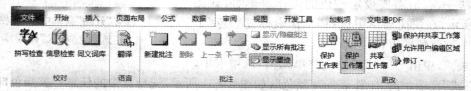

图 4－32 "审阅"菜单

（2）打开"保护结构和窗口"对话框，单击"结构"和"窗口"复选框，在"密码"文本框中输入密码，如"888888"，单击"确定"按钮，如图4-33所示。

图4-33 "保护结构和窗口"对话框

（3）打开"确认密码"对话框，在"重新输入密码"文本框中再次输入新密码，如"888888"，单击"确定"按钮，如图4-34所示。

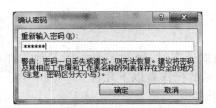

图4-34 "确认密码"对话框

（4）工作簿被保护后，将无法完成调整工作簿结构与窗口的相关操作。

（5）若需要撤消保护工作簿，在"审阅"菜单下的"更改"选项卡中单击"保护工作簿"按钮，打开"撤消工作簿保护"对话框，在"密码"文本框中输入工作簿的保护密码，然后单击"确定"按钮，即可撤消对工作簿的保护，如图4-35所示。

图4-35 "撤消工作簿保护"对话框

任务2 工作表设置

陈玲按照要求导入"员工绩效考核"数据清单，需要对工作表进行复制和保护，以便保护工作表数据的安全性。

1. 复制"2011年"工作表到新工作表中，新工作表位于 Sheet2 之前，且重命名为"2012年"。

◆ 操作步骤

（1）右击"2011年"工作表标签，在快捷菜单中选择"移动或复制"选项，在"移动或复制工作表"对话框的"下列选定工作表之前"选项中选择 Sheet2，同时选中"建立副本"前的复选框，如图4-36所示。单击"确定"按钮，完成2011年工作表的复制"2011年（2）"。

图 4 - 36 "移动或复制工作表"对话框

（2）双击"2011 年（2）"工作表标签，使工作表标签呈反显状态，直接输入"2012 年"即可。

◆ 知识点剖析

1. 移动和复制工作表

利用 Excel 2010 进行数据处理时，经常需要引用其他工作表中的部分数据，这时就需要将工作表移动或复制。常见的操作有以下几种：

（1）在工作簿内移动工作表

方法一：选定需要移动的工作表标签，然后沿着工作表标签行拖动选定的工作表标签即可。

方法二：右击需要移动的工作表标签，在快捷菜单中选择"移动或复制"选项，如图 4 - 26 所示。在"移动或复制工作表"对话框中选择需要移动至某工作表之前，如图 4 - 37 所示。单击"确定"按钮完成工作表的移动。

图 4 - 37 "移动或复制工作表"对话框

方法三：首先选择需要被复制的工作表标签，然后单击"开始"菜单，在"单元格"选项卡中，单击"格式"选项中的"移动或复制工作表"，如图 4 - 30 所示。在"移动或复制工作表"对话框中选择需要移动至某工作表之前，如图 4 - 37 所示。单击"确定"按钮完成工作表的移动。

（2）在工作簿内复制工作表

如果在工作簿内复制工作表，方法与移动工作表相似。在图 4 - 37 工作表中选中"建立副本"复选框,或者按住【Ctrl】键拖动工作表至新的位置。

（3）在工作簿间移动工作表

方法一：右击需要移动的工作表标签,在快捷菜单中选择"移动或复制"选项,如图 4－26 所示。在"移动或复制工作表"对话框中,选择需要移动至目标工作簿,目标工作簿可以是当前工作簿或当前打开的其他工作簿,也可以是新工作簿,如图 4－38 所示。单击"确定"按钮,再次选择移动至新工作簿中某张工作表之前,完成工作簿间工作表的移动。

图 4－38　"移动或复制工作表"对话框（工作簿间）

方法二：单击"开始"菜单,在"单元格"选项卡中,单击"格式"选项中的"移动或复制工作表",如图 4－30 所示,弹出"移动或复制工作表"对话框,如图 4－38 所示。单击"确定"按钮,再次选择移动至新工作簿中某张工作表之前,完成工作簿间工作表的移动。

（4）在工作簿间复制工作表

如果在工作簿间复制工作表,方法与工作簿间移动工作表相似,即在图 4－38 工作表中选中"建立副本"复选框即可。

2. 冻结拆分窗口

在 Excel 2010 中,当工作表中的内容过长或过宽、拖动滚动条查看超出窗口大小的数据时,由于看不到行标题和列标题,无法确定数据的意义,可以通过冻结窗口来锁定行、列,锁定后的行和列不会再随着滚动条的拖动而消失。

由于工作表内容过长或过宽引起的工作表编辑不方便,用户可以通过拆分窗格,对每个窗口分别进行编辑。

（1）冻结窗口

选择需要冻结的单元格,如图 4－39 所示,选择"E3"单元格,单击"视图"菜单下"窗口"选项卡中的"冻结窗格"命令,在下级菜单中选择"冻结拆分窗格"命令。当鼠标向右拖动时,A～D 列始终不动,当鼠标向下拖动时,1～2 行始终不动。

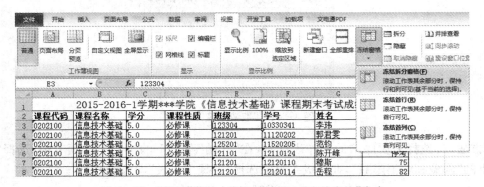

图 4－39　"视图"菜单中"窗口"选项之"冻结窗格"命令

（2）取消冻结

单击"视图"菜单下"窗口"选项卡中的"冻结窗格"命令,在下拉菜单中,单击"取消冻结窗格"即可。

（3）拆分窗格

选择需要拆分的单元格，如图4-40所示，选择E7单元格，默认在选择的单元格的左上方开始拆分，将窗口拆成4个窗格。将光标移至拆分的分隔条上，当鼠标变成双向箭头时，可以拖动鼠标改动拆分后窗格的大小，若将分割线拖出表格窗口外，即可删除拆分分割条。用户也可以单击"视图"菜单下"窗口"选项卡中的"拆分"按钮，即可取消窗口的拆分。

图4-40 "视图"菜单中"窗口"选项之"拆分"命令

3. 隐藏工作表

当用户不希望某张工作表出现在工作簿中时，可以隐藏该工作表，从而保护工作表中的数据。

方法一：右击需要隐藏的工作表标签，如图4-26所示，在快捷菜单中选择"隐藏"命令即可。若要恢复被隐藏的工作表，右击工作簿中的任意一张工作表，在快捷菜单中选择"取消隐藏"命令，弹出"取消隐藏"对话框，如图4-41所示。选择需要恢复的工作表，单击"确定"就可以取消隐藏。

图4-41 "取消隐藏"对话框

方法二：选择需要隐藏的工作表标签，在"开始"菜单下的"格式"选项卡中，选择"可见性"下的"隐藏和取消隐藏"，在下级菜单中选择"隐藏工作表"即可，如图4-42所示。

图 4 - 42 "格式"菜单下"隐藏工作表"选项

2. 保护"2012 年"工作表,允许此工作表的所有用户进行"选定锁定单元格""插入行""删除列""排序"等功能,删除 Sheet2 和 Sheet3 工作表。

◆ **操作步骤**

(1) 右击"2012 年"工作表标签,在快捷菜单中选择"保护工作表",如图 4 - 43 所示。在"保护工作表"对话框的"允许此工作表的所有用户进行"下的复选框中选中"选定未锁定的单元格""插入行""删除列""排序"等功能,单击"确定"按钮。

图 4 - 43 "保护工作表"对话框

(2) 按住【Ctrl】键,依次单击"Sheet2"和"Sheet3"工作表标签,右击"Sheet2"和"Sheet3"任意一个工作表标签,在快捷菜单中选择"删除"命令即可。

◆ **知识点剖析**

1. 保护工作表

为了保护工作表中的数据不被任意复制或修改,可以设定对工作表进行保护。当工作表被保护后,该工作表中的所有单元格都会被锁定,其他用户不能对其进行任何操作。

方法一:右击需要保护的工作表,如图 4-26 所示,在快捷菜单中选择"保护工作表"。如图 4-43 所示,在"保护工作表"对话框中设置保护选项:

(1) 在"允许此工作表的所有用户进行"选项卡中,选择允许他人能够更改的项目。

(2) 在"取消工作表保护时使用的密码"文本框中输入密码,该密码用于设置者取消保护,单击"确定"按钮,弹出"确认密码"对话框,重复确认密码后完成设置,如图 4-44 所示。

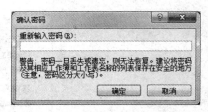

图 4-44 "确认密码"对话框

保护选项设置完成后,在被保护的工作表的任意一个单元格中输入数据或更改格式时,均会出现提示信息,如图 4-45 所示。

图 4-45 修改被保护工作表时的提示

若要取消保护工作表,可右击受保护的工作表标签,在快捷菜单中选择"撤消工作表保护"命令,在弹出的快捷菜单中输入保护工作表的密码即可。

方法二:单击"开始"菜单下的"单元格"选项卡下的"格式"命令,在下拉菜单中选择"保护工作表",其设置如方法一所示。

2. 删除工作表

有时候用户需要从工作簿中删除不需要再用的工作表,删除工作表的常见方法如下:

(1) 使用"开始"菜单

首先选择需要删除的工作表标签,然后单击"开始"菜单,在"单元格"选项卡中,单击"删除"选项中的"删除工作表"即可删除被选中的工作表,如图 4-46 所示。

图 4-46 "开始"菜单中"单元格"选项之"删除"命令

（2）使用右键快捷菜单

右击选择需要被删除的工作表标签,在弹出的快捷菜单中选择"删除"命令,如图4-26所示,在弹出的 Microsoft Excel 删除确认对话框中单击"删除"命令即可,如图4-47所示。

图4-47 工作表删除确认对话框

任务3 格式化数据清单

陈玲按照人事处要求需要对2011年工作表进行格式化,在数据导入完成后对数据清单格式进行设置,使得数据清单更加清晰。

1. 在"2011年"工作表的第2行下方插入一行,设置第2行行高为27.5,第4行的行高为25,在"A"列前插入一列,设置 B 列和 H 列的列宽均为12,删除第10行下方的空行。

◆ **操作步骤**

（1）单击"2011年"工作表标签,右击第3行行号,在快捷菜单中选择"插入"命令,默认插入新行在选择行的上方。

（2）右击第2行,在快捷菜单中选择"行高"选项,如图4-48所示,在"行高"文本框中输入27.5,单击"确定"按钮。同理,右击第4行设置其行高为25即可。

图4-48 "行高"对话框

（3）右击 A 列,在快捷菜单中选择插入,默认在当前列的左方插入新列。

（4）单击 B 列,按住【Ctrl】键不放,再单击 H 列,右击 H 列,在快捷菜单中选择列宽,如图4-49所示,在"列宽"文本框中输入12,单击"确定"按钮。

图4-49 "列宽"对话框

（5）右击第11行行号,在快捷菜单中选择"删除"命令即可。

◆ **知识点剖析**

1. 选择表格中的行和列

选择表格中的行和列是对其进行操作的前提。选择表格行主要分为选择单行、选择连续多行、选择不连续多行3种情况。

（1）选择单行

将光标移动到要选择行的行号上，当光标变成"➡"形状时单击行号即可。

（2）选择连续多行

单击多行最上面一行的行号，按住鼠标左键向下拖动至多行的最后一行即可，或者单击多行最上面一行的行号，按住【Shift】键不放，单击多行中的最后一行即可。

（3）选择不连续多行

按住【Ctrl】键，依次用鼠标单击选择多行中的行号即可。

同样，选择列也分为选择单列、选择连续多列、选择不连续多列。

（1）选择单列

将光标移动至需要选择列的列标上，当光标变成"⬇"形状时单击列号即可。

（2）选择连续多列

单击多列最左边一列的列号，按住鼠标左键向右拖动至多列的最后一列即可，或者单击多列最左边一列的列号，按住【Shift】键不放，单击多列中的最后一列即可。

（3）选择不连续多列

按住【Ctrl】键，依次用鼠标单击选择多列中的列号即可。

2. 插入与删除行和列

Excel 2010 允许用户创建表格，也可以在已有的表格中添加单元格、整行、整列等，而表格中原有的数据位置将根据具体操作而自动迁移。

（1）插入行

方法一：选择需要插入新行下方的一行，单击"开始"菜单下"单元格"选项卡中的"插入"命令，在下一级选项中选择"插入工作表行"，如图 4 - 50 所示，默认在选择行的上方插入新行。

方法二：右击需要插入新行下方的一行，在快捷菜单中选择"插入"命令，默认在选择行的上方插入新行。

图 4 - 50　"开始"菜单中的"单元格"选项卡——插入行

（2）插入列

方法一：选择需要插入新列右侧的一列，单击"开始"菜单"单元格"选项卡下的"插入"选项，在下一级选项中选择"插入工作表列"，如图 4 - 51 所示，默认在选择列的左侧插入新列。

方法二：右击需要插入新列右侧的一列，在快捷菜单中选择"插入"命令，默认在选择列的左侧插入新列。

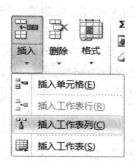

图 4 - 51　"开始"菜单中的"单元格"选项卡——插入列

（3）删除行或列

方法一：选择要删除的行号或列号，单击"开始"菜单下"单元格"选项中的"删除"命令，在下一级选项中选择"删除工作表行"或"删除工作表列"命令。

方法二：右击要删除的行号或列号，在快捷菜单中选择"删除"命令即可。

3. 设置行高或列宽

在 Excel 2010 中，列宽有默认的固定值，不会根据单元格中内容的长度而调整，因此，当单元格中的内容不能完全显示时，需要对单元格的行高或列宽进行适当的调整。

（1）设置行高

方法一：右击行号，在快捷菜单中选择"行高"，在行高右侧的文本框中输入具体的数值即可，如图 4 - 48 所示。

方法二：选中行号，单击"开始"菜单下"单元格"选项卡中的"格式"命令，在下拉菜单中选择"行高"或"自动调整行高"，如图 4 - 52 所示。若选择"行高"，在行高对话框中设置其数值即可。

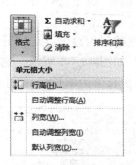

图 4 - 52　"开始"菜单中的"单元格"选项卡——格式设置

（2）设置列宽

方法一：右击列号，在快捷菜单中选择"列宽"，在列宽右侧的文本框中输入具体的数值即可，如图 4 - 49 所示。

方法二：选中列号，单击"开始"菜单下"单元格"选项卡中的"格式"命令，在下拉菜单中选择"列宽"或"自动调整列宽"，如图 4 - 52 所示。若选择"列宽"，在列宽对话框中设置其数值即可。

2. 将第 9 行和第 10 行的数据进行交换，隐藏第 3 行。

◆ 操作步骤

（1）右击第 10 行行号，在快捷菜单中选择"剪切"命令，再右击第 9 行行号，在快捷菜单中选择"插入剪切的单元格"即可完成行的交换。

（2）右击第 3 行，在快捷菜单中选择"隐藏"命令即可。

◆ 知识点剖析

1. 整行或整列交换数据

右击需要交换的行号或列号，在快捷菜单中选择"剪切"命令，右击需要粘贴行的下方或粘贴列的右侧，在快捷菜单中选择"插入剪切的单元格"即可。

2. 隐藏行或列

右击需要隐藏的行号或列号，在快捷菜单中选择"隐藏"命令即可。

3. 在 A4 单元格中输入"序号"，参考样张，利用填充柄在单元格区域"A5：A27"中输入序号，如"1，2，3，……"。

◆ 操作步骤

（1）单击 A4 单元格，在单元格中输入"序号"。

（2）单击 A5 单元格，在 A5 单元格中输入 1，再单击 A6 单元格，并输入 2，选择 A5 和 A6 单元格，将光标移至选中单元格区域的右下角，当鼠标由空心十字架"✛"变成实心十字架"✚"时，按住鼠标左键向下拖动至 A27 即可完成序列的填充。

◆ 知识点剖析

Excel 2010 提供了一项非常强大的功能，能极大地减轻数据录入工作量。当表格中行或列的部分数据形成了一个序列时，我们可以利用自动填充功能来快速填充数据。

自动填充一般包括数据的自动填充和公式的自动填充。常见的方法有两种：一种是使用"开始"菜单"编辑"选项卡中的"填充"命令；另一种是通过鼠标左键拖动填充柄。

1. 利用"填充"选项填充数据

在起始单元格中输入序列数据的起始数据，单击"开始"菜单下"编辑"选项卡的"填充"按钮，在下级菜单中设置填充选项，如图 4-53 所示。选择序列产生在行或列，类型有等差序列、等比序列、日期和自动填充，步长值为增长量，终止值为序列的最后一个数值。

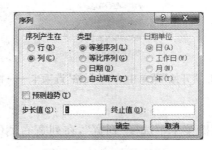

图 4-53 "序列"对话框

2. 填充柄填充数据

在 Excel 表格中，要在连续的列或行中填充数值时，可以利用填充柄来快速实现。应用填充柄填充数据时，既可以填充完全一样的数据，也可以填充序列数值。

（1）重复内容的填充

如在某工作表的 B3：B12 区域输入"信息技术基础"，首先在 B3 单元格输入"信息技术基础"，选中 B3 单元格，将鼠标移至单元格的右下角，当鼠标变成一个实心十字架时，按住鼠标左键向下拖动至 B12 单元格即可，如图 4-54 所示。

	A	B	C	D	E	F	G	H
1	2015-2016-1学期***学院《信息技术基础》课程期末考试成绩							
2	课程代码	课程名称	学分	课程性质	班级	学号	姓名	成绩
3	0202100	信息技术基础	5.0	必修课	123304	10330341	李玮	80
4	0202100	信息技术基础	5.0	必修课	121201	11120202	郭君雯	88
5	0202100	信息技术基础	5.0	必修课	125201	11520205	范钧	76
6	0202100	信息技术基础	5.0	必修课	121101	12110124	陈开峰	停考
7	0202100	信息技术基础	5.0	必修课	121201	12120110	穆斯	75
8	0202100	信息技术基础	5.0	必修课	121201	12120114	岳程	82
9	0202100	信息技术基础	5.0	必修课	121201	12120125	周俊强	71
10	0202100	信息技术基础	5.0	必修课	121203	12120326	陈晨	52
11	0202100	信息技术基础	5.0	必修课	121204	12120427	王奕彭	91
12	0202100	信息技术基础	5.0	必修课	121204	12120428	丁康	缺考
13								

图 4-54　重复数值序列的填充

（2）序列数据填充

方法一：在起始单元格中输入序列中的起始数据，如在 A1 单元格中输入 8 月 1 日，将鼠标移至 A1 单元格右下角，鼠标变成实心十字架时，按住鼠标左键拖动至 A5 单元格，松开鼠标后，A1～A5 单元格依次为：8 月 1 日、8 月 2 日、8 月 3 日、8 月 4 日、8 月 5 日。

方法二：在起始单元格中输入序列中的起始数据，如在 B1 单元格中输入 8 月 1 日，将鼠标移至 A1 单元格右下角，当鼠标变成实心十字架时，按住鼠标右键拖动至 A5 单元格，松开鼠标后，在弹出的快捷菜单中选择"序列"选项，如图 4-53 所示，在"序列"对话框中选择类型为"日期"，日期单位为"月"，步长值为 1，单击"确定"按钮，如图 4-55 所示。

	A	B
1	8月1日	8月1日
2	8月2日	9月1日
3	8月3日	10月1日
4	8月4日	11月1日
5	8月5日	12月1日

图 4-55　序列的填充

（3）填充柄填充公式

公式自动填充，是指应用同一个公式对不同数据进行计算时，只需计算出其中一个，其他数据只需要应用填充柄自动填充即可获得计算结果，并自动填充到相应的单元格中。

在公式填充的第一个单元格中编辑公式，将鼠标移至公式的第一个单元格右下角，当鼠标变成实心十字架时，按住左键拖动至公式应用的最后一个单元格即可。

4. 将单元格区域"B5：B27"的员工编号前添加符号"U"（如"U214001"）。

◆ 操作步骤

（1）单击 B5 单元格，按住【Shift】键不放，再单击 B27 单元格，选择连续区域 B5：B27。

（2）单击"开始"菜单下"数字"选项卡右侧的"对话框启动器 "，如图 4-56 所示，弹出"设置单元格格式"对话框，如图 4-57 所示。

图 4-56　"开始"菜单下的"数字"选项卡

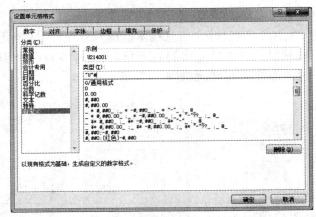

图 4 - 57　"设置单元格格式"对话框

（3）在"设置单元格格式"对话框"分类"选项中选择"自定义"，在"类型"下方的文本框中输入'"U"#'，单击"确定"按钮。

◆ **知识点剖析**

1. 修改数据格式

数据格式是指表格中数据的外观形式，通过设置数据格式使数值显示规范化。常见的数据格式如下：

（1）常规

常规是 Excel 的默认格式，数字显示为整数或小数，当数字太大而单元格无法显示时采用科学计数法。

（2）数值

可以设置数值的小数位数、是否使用逗号分隔千位符，设置显示负数（用符号、红色、括号或红色括号等）。

（3）货币

可以设置货币的小数位数、选择货币符号，设置货币显示负数（用符号、红色、括号或红色括号等）。

（4）会计专用

会计格式可对一列数值进行货币符号和小数点对齐。

（5）日期

可以设置不同的日期格式，如 2015/8/1、2015 年 8 月 1 日、8/1、Aug - 01 等。

（6）时间

可以设置不同的时间格式，如 12：00、12 点 30 分 08 秒、下午 1 时 30 分等。

（7）百分比

显示为百分号，可以设置小数位数。

（8）分数

可以在 9 种分数类型中选择一种格式。

（9）科学计数

用指数符号 E 显示数字，可以设置小数位数。

（10）文本

用以设置数字型文本。

（11）特殊

包含三种附加的数字格式：邮政编码、中文小写数字、中文大写数字。

（12）自定义

用户在设置格式时，若系统格式不能满足其要求，用户可以自定义格式。

5. 在"A1"单元格中输入"2011 年＊＊公司员工绩效考核表"，将单元格区域"A1：G2"合并及水平垂直居中，并设置字体为华文行楷、字号为 20、加粗、字体颜色为"蓝色、强调文字颜色 1、深色 25％"，将单元格区域"A4：G4"和"B4：B27"，水平垂直均居中，将单元格区域"A5：A27"对齐方式设为水平居中。

◆ **操作步骤**

（1）单击 A1 单元格，利用键盘输入"2011 年＊＊公司员工绩效考核表"，单击【Enter】键完成输入。

（2）单击 A1 单元格，按住【Shift】键不放，再单击 G2 单元格，单击"开始"菜单"对齐方式"选项卡右侧的"对话框启动器 "，弹出"设置单元格格式"对话框。

（3）在"对齐"选项卡中设置水平对齐为"居中"，垂直对齐为"居中"，选中"文本控制"下方的"合并单元格"的复选框按钮，如图 4 - 58 所示。

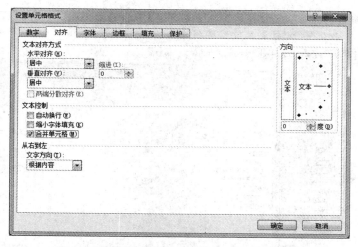

图 4 - 58　"设置单元格格式"——"对齐"选项卡

（4）选中合并后的单元格 A1，单击"开始"菜单"字体"选项卡右侧的"对话框启动器 "，弹出"设置单元格格式"对话框，如图 4 - 59 所示。在"字体"选项卡中，在字体下拉列表中选择"华文行楷"，字形为"加粗"，字号为"20"，颜色为"蓝色、强调文字颜色 1、深色 25％"，单击"确定"按钮完成字体格式设置。

大学计算机信息技术实训操作教程

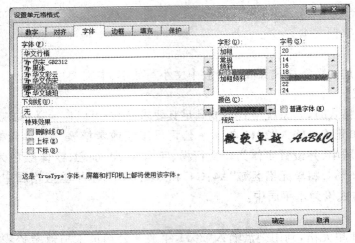

图 4 - 59　"设置单元格格式"——"字体"选项卡

（5）单击 A4 单元格，按住左键拖动至 G4 单元格，按住【Ctrl】键不放，再按住键盘左键从 B4 拖动至 B27 单元格，选择了两个不连续区域，如图 4 - 60 所示。单击"开始"菜单"对齐方式"选项卡右侧的"对话框启动器 "，弹出"设置单元格格式"对话框，在"对齐"选项卡的水平对齐方式中选择"居中"，垂直对齐方式也为"居中"，单击"确定"按钮。

图 4 - 60　"设置单元格格式"——"对齐"选项卡

（6）单击 A5 单元格，按住【Shift】键不放，再单击 A27 单元格。单击"开始"菜单的"对齐方式"选项卡中的水平对齐方式为"水平居中"即可，如图 4 - 61 所示。

图 4 - 61　"开始"菜单——"对齐方式"选项卡

182

◆ 知识点剖析

1. 选择单元格

用户输入数据后,经常需要对单元格或单元格区域进行操作。

(1) 选择一个单元格

选择一个单元格的方法有 3 种:

方法一,单击需要选择的单元格,该单元格周边出现粗边框,表明该单元格是活动单元格。

方法二,在名称框中输入单元格引用,如输入 A1,按【Enter】键,即可定位 A1 单元格。

方法三,单击"开始"菜单"编辑"选项卡,单击"查询和选择"按钮,在弹出的快捷菜单中选择"转到"命令,打开"定位"对话框,在"引用位置"文本框中输入单元格引用地址 A1,单击"确定"按钮,如图 4 - 62 所示。

图 4 - 62 "定位"对话框

(2) 选择连续的多个单元格

方法一,单击要选择的单元格区域内的第一个单元格,按住鼠标左键拖动至选择区域内的最后一个单元格。

方法二,单击要选择的单元格区域内的第一个单元格,按住【Shift】键不放,再单击选择区域内的最后一个单元格。

(3) 选择不连续的多个单元格

按住【Ctrl】键的同时依次单击需要选择的单元格或拖动鼠标左键选择单元格区域。

▶ 提示:

A1:B4 表示 A1 至 B4 的连续单元格区域;A1,B4 表示 A1 和 B4 两个单元格。

(4) 选择全部单元格

方法一,单击行号和列号左上角交叉处的"全选"按钮,表示选中当前工作表中的所有单元格。

方法二,单击数据区域中的任意一个单元格,按住【Ctrl＋A】组合键选中当前工作表中的所有单元格。

2. 插入与删除单元格

(1) 插入单元格

插入单元格默认在当前单元格的上方或左侧插入,即当前单元格右移或下移,插入整行或整列。

单击需要插入单元格的相邻单元格,如选择 B5 单元格,单击 B5 单元格,单击"开始"菜单下的"单元格"选项卡,在"插入"选项卡中选择"插入单元格"命令;或右击 B5 单元格,在快捷菜单中选择"插入"命令,在弹出的"插入"对话框中选择其中某一个选项,如图 4 - 63 所示。

"活动单元格右移":新插入的单元格为 B5,原来的 B5 单元格显示为 C5 单元格;

"活动单元格下移":新插入的单元格为 B5,原来的 B5 单元格显示为 B6 单元格;

"整行":新插入的为第 5 行,原来的第 5 行成为第 6 行;

"整列":新插入的为 B 列,原来的 B 列成为 C 列。

图 4 - 63 "插入"对话框

(2) 删除单元格

删除单元格默认将当前单元格的下方或右侧的单元格删除,即右侧单元格左移或下方单元格上移、删除整行或整列。

单击需要删除的单元格,如选择 B5 单元格,单击 B5 单元格,单击"开始"菜单下的"单元格"选项卡,在"删除"选项卡中选择"删除单元格"命令;或右击 B5 单元格,在快捷菜单中选择"删除"命令,在弹出的"删除"对话框中选择其中某一个选项,如图 4 - 64 所示。

图 4 - 64 "删除"对话框

"右侧单元格左移":B5 单元格被删除,原来的 C5 为新的 B5 单元格;

"下方单元格上移":B5 单元格被删除,原来的 B6 为新的 B5 单元格;

"整行"：第 5 行被删除，原来的第 6 行为新的第 5 行；

"整列"：B 列被删除，原来的 C 列为新的 B 列。

3. 合并与拆分单元格

用户在编辑过程中需要将多个单元格合并为一个单元格，可以通过合并单元格操作完成。

（1）合并单元格

选择要合并的单元格区域，单击"开始"菜单下的"对齐方式"选项卡右下角的"对话框启动器 ▣"，打开"设置单元格格式"对话框。单击"对齐"选项卡，选中"合并单元格"复选框，单击"确定"按钮。

（2）拆分单元格

对于已经合并的单元格，需要时可以将其拆分为多个单元格。右击要拆分的单元格，在快捷菜单中选择"设置单元格格式"命令，打开"设置单元格格式"对话框，单击"对齐"选项卡，撤消选择"合并单元格"复选框即可。

4. 设置字体格式及对齐方式

为了使制作的表格更加美观清晰，用户需要对工作表进行格式化，最为常见的格式化包括设置字体格式、对齐方式等。

（1）设置字体格式

设置字体格式包括对文字的字体、字号、颜色等进行设置。

选择需要设置字体的单元格，单击"开始"菜单下的"字体"选项卡中的"对话框启动器 ▣"按钮，打开"设置单元格格式"对话框。按照要求对字体、字形、字号、下划线和颜色进行设置，如图 4-59 所示。

（2）设置对齐方式

输入数据时，文本默认靠左对齐，数字、日期和时间默认靠右对齐。

字体对齐方式包括水平对齐和垂直对齐两种，其中水平对齐包括靠左、居中、靠右等，垂直对齐包括靠上、居中和靠下等。

在"开始"菜单下的"对齐方式"选项卡中提供了几种水平对齐方式的设置按钮，分别是左对齐▤、居中▤、右对齐▤、减少缩进量▤、增加缩进量▤、合并后居中▦合并后居中▾。

除了可以设置单元格数据的水平对齐方式外，还可以设置垂直对齐方式，分别是顶端对齐▤、垂直居中▤、底端对齐▤。

6. 将单元格区域"A4:G4"设置为自定义颜色，红绿蓝三色分别为"220，230，241"；将单元格区域"A4:G27"的外边框设置为红色双实线（第 2 列第 7 行），内边框设置为蓝色点画线实线（第 1 列第 2 行）。

◆ 操作步骤

（1）单击 A4 单元格，按住【Shift】键不放，再单击 G4 单元格。单击"开始"菜单下的"字体"选项卡右侧的"对话框启动器 ▣"，弹出"设置单元格格式"对话框。

（2）选择"填充"选项卡，如图 4-65 所示，单击"其他颜色"，在"颜色"对话框中，如图 4-66 所示，设置红绿蓝三色分别为"220，230，241"，单击"确定"按钮。

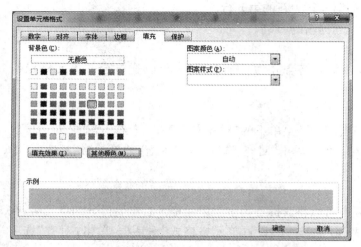

图 4‐65 "设置单元格格式"对话框——"填充"选项卡　　**图 4‐66 "颜色"对话框**

（3）单击 A4 单元格，按住【Shift】键不放，再单击 G27 单元格。单击"开始"菜单"字体"选项卡右侧的"对话框启动器▣"，弹出"设置单元格格式"对话框。

（4）选择"边框"选项卡，首先设置外边框线条样式为第 2 列第 7 行，选择颜色为红色，再单击"预置"列表下的"外边框"选项；然后设置内边框线条样式为第 1 列第 2 行，选择颜色为蓝色，再单击"预置"列表下的"内部"选项。单击"确定"按钮，如图 4‐67 所示。

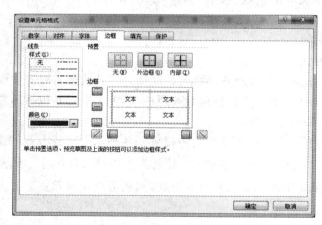

图 4‐67 "设置单元格格式"对话框——"边框"选项卡

◆ *知识点剖析*

1. 设置表格底纹

Excel 2010 默认单元格的颜色为白色，为了使得单元格部分数据更加醒目，用户可以为单元格添加填充效果。

方法一，首先选择需要设置填充颜色的单元格，单击"开始"菜单下的"字体"选项卡中"填充颜色"按钮右侧的向下箭头，从下拉列表中选择所需的颜色即可。

方法二，右击单元格，在快捷菜单中选择"设置单元格格式"，在"设置单元格格式"对话框中选择"填充"选项卡，如图 4‐65 所示，用户根据需求选择需要填充的颜色，单击"确定"

按钮。

2. 设置表格边框

为了使得单元格数据在打印时能够有边框线，用户需要为表格添加不同类型的边框。

（1）选择要设置边框的单元格区域，单击"开始"菜单下的"字体"选项卡中的"边框"右侧箭头，在弹出的菜单中选择"其他边框"选项。

（2）打开"设置单元格格式"对话框，选择"边框"选项卡，在该选项卡可以进行如下设置：

① "样式"：选择边框线条样式；

② "颜色"：选择边框线条颜色；

③ "预置"选项：单击"无"按钮将清除表格边框线，单击"外边框"按钮为表格添加外边框，单击"内部"按钮为表格添加内边框线；

④ "边框"选项：通过单击选项中的边框位置自定义表格的边框。

（3）设置完毕后单击"确定"按钮，完成边框效果的设置。

任务4　页面设置及打印

陈玲按照人事处要求打印出 2011 年工作表，在打印前需要对页面进行设置，并对打印边距进行调整。

1. 设置 2011 年工作表的页面设置，其中左右边距均为 2.5 cm，上边距为 2.5 cm，下边距为 2 cm，页眉和页脚均为 1.5 cm，页面水平居中对齐，在页面中部添加页眉为" ＊ ＊ 公司"，设置重复打印第 4 行标题。

◆ **操作步骤**

（1）单击 2011 年工作表标签，单击"页面布局"菜单下的"页面设置"选项卡右下角的"对话框启动器 "，如图 4-68 所示。按照要求设置上、左、右边距为 2.5 cm，下边距为 2 cm，页眉和页脚均为 1.5 cm，单击"居中方式"选项中的"水平"复选框。

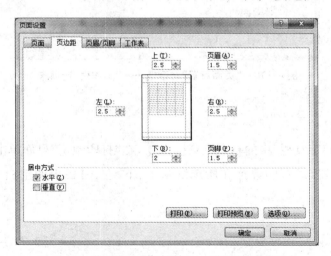

图 4-68　"页面设置"对话框——"页边距"选项卡

（2）切换至"页眉/页脚"选项卡，单击"自定义页眉"按钮，弹出"页眉"对话框，如图 4-

69 所示,在页眉中部输入"＊＊公司"。

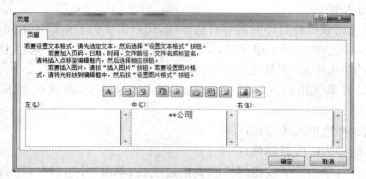

图 4 - 69 "页面设置"对话框——"页眉"选项卡

(3)切换至"工作表"选项卡,单击"顶端标题行"右侧的红色箭头，缩小"页面设置"对话框,单击第 4 行行号,再次单击红色箭头，回到"页面设置"对话框,如图 4 - 70 所示,单击"确定"按钮完成页面设置。

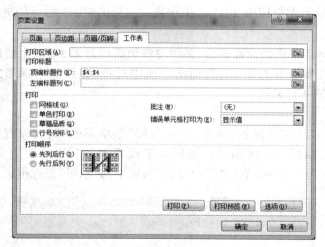

图 4 - 70 "页面设置"对话框——"工作表"选项卡

◆ **知识点剖析**

1. 设置页边距

单击"快速访问工具栏"中的打印预览按钮，在"打印预览"界面单击"显示边距"选项，进行页边距设置,即打印数据在所选纸张上、下、左、右留出的空白尺寸,如图 4 - 71 所示。

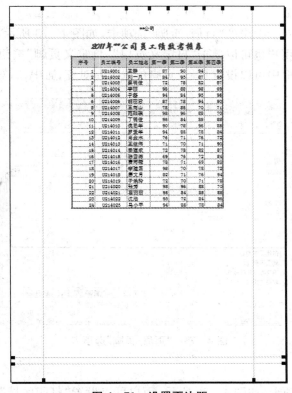

图 4 – 71　设置页边距

2. 设置页面缩放

由于表格太大,超出了打印页面范围,若要想在一页打印,需要通过"文件"菜单下"打印"选项中的"设置"进行调整,如图 4 – 72 所示。

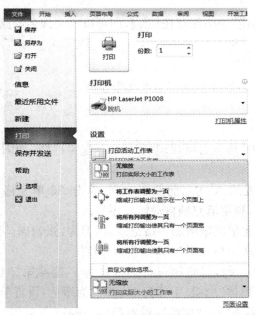

图 4 – 72　设置页面缩放

3. 设置页眉/页脚

单击"页面设置"对话框中的"页眉/页脚"选项卡,如图4-73所示,Excel提供了多种定义页眉、页脚的格式,用户也可以单击"自定义页眉""自定义页脚"按钮自行定义,在自定义"页眉"或"页脚"对话框中可以设置页眉/页脚位置为左对齐、居中、右对齐三种。

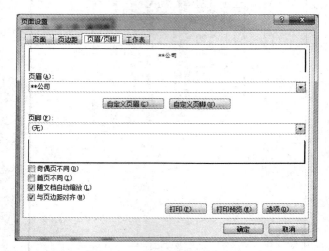

图4-73 "页眉/页脚"选项卡

4. 设置标题

单击"工作表"选项卡,如图4-70所示,用户可以设置"打印区域"、"打印标题(顶端标题行、左端标题列)"、"打印"设置(打印网格线、单色打印、草稿品质、行号列标等)、"打印顺序"默认为"先列后行",也可以设置为"先行后列"。

2. 将编辑好的 Excel 工作簿以原文件原保存类型名原路径保存。

◆ **操作步骤**

单击"快速访问工具栏"中的保存按钮 ，即可以原文件名原路径保存,样张如图4-71所示。

◆ **知识点剖析**

Excel 工作簿的保存请参考本案例的第2个步骤。

同步练习

调入考生文件夹中的"毕业答辩成绩表. xlsx",参考样张,如图4-74(a,b)所示。按照下列要求操作:

(1) 在 Sheet1 工作表的 A 列之前插入一列,单击 A3 单元格,输入"序号"并回车,在 A4～A33 单元格区域中,利用填充柄自动输入序号;

(2) 在 D11:H11 单元格区域增加一条记录,内容为:张朝虎,56,78,45,89;

(3) 将单元格区域 B4:B33 中的"水电"改为"SD";

(4) 在第二行上插入一行,设置第三行的行高为9,隐藏第二行,将单元格区域 A1:I3 合并及居中,设置字体为黑体、加粗、字号为18,颜色为绿色,设置单元格 A1 的底纹为黄色;

(5) 在 I4 单元格中输入"总评成绩",设置第四行的行高为22,将单元格区域 A4:I4 对齐方式设置为水平垂直均居中,且设置 A4:I4 单元格区域为绿色底纹,将单元格区域 A5:I34 对齐方式设置为水平居中,并设置 A5:I34 单元格区域为自定义颜色{214,236,255};

(6) 设置单元格区域 A4:I34 的外边框为粗实线,内边框为细实线;

(7) 重命名 Sheet1 工作表的名称为"答辩成绩表",重命名 Sheet2 工作表的名称为"答辩成绩分析表",如图 4-74(a,b)所示;

序号	班级名称	学号	姓名	城镇规划	测量平差	工程测量	仪器维修	总评成绩
			豫水利水电学校98届毕业生答辩成绩表					
1	SD1班	98-0001	张立平	88	89	75	62	
2	SD3班	98-0002	刘欣衍	89	78	90	56	
3	SD4班	98-0003	罗智宸	68	70.5	67	78	
4	SD2班	98-0004	王淼	89	78	76	85	
5	SD1班	98-0005	刘畅	96.5	87	89	49	
6	SD2班	98-0006	高鸿列	54	54	76.5	89	
7	SD2班	98-0007	赵龙	65	56	57	68	
8	SD3班	98-0008	张朝虎	56	78	45	89	
9	SD2班	98-0009	嘉雪	59	85	65	78	
10	SD2班	98-0010	王芳香	90.5	89	56	73.5	
11	SD2班	98-0011	吴宝珠	54	54	54	76.5	
12	SD3班	98-0012	于绣莹	65	56	67.5	57	
13	SD1班	98-0013	向大鹏	56	78	56	45	
14	SD3班	98-0014	朱金介	59	85	35	65	
15	SD3班	98-0015	汀正维	60	49	83.5	67	
16	SD3班	98-0016	何信颖	90.5	89	78	56	
17	SD4班	98-0017	林俐君	89	78	87	90	
18	SD4班	98-0018	林建兴	68	89	58	67	
19	SD1班	98-0019	林干玫	89	78	73.5	76	
20	SD4班	98-0020	林朝财	97	65	89	89	
21	SD4班	98-0021	林森和	78	67.5	67	73.5	
22	SD4班	98-0022	林凤春	54	54	54	76.5	
23	SD3班	98-0023	林静秋	65	56	67.5	57	
24	SD3班	98-0024	林鹏翔	98	56	56	45	
25	SD1班	98-0025	邱惠敏	59	98	35	65	
26	SD2班	98-0026	施美芳	60	49	65	67	
27	SD3班	98-0027	洪惠苓	89	64	78	56	
28	SD4班	98-0028	唐德义	79	87	78	67	
29	SD2班	98-0029	徐焕坤	89	88	56	78	
30	SD1班	98-0030	祝汉寰	65	78	67.5	87	

答辩成绩表 / 答辩成绩分析表 / Sheet3

(a)"答辩成绩表"

答辩成绩分析表					
班级名称	城镇规划	测量平差	工程测量	仪器维修	总评成绩
SD1班					
SD2班					
SD3班					
SD4班					

(b)"答辩成绩分析表"

图 4-74 样张

(8) 在"答辩成绩分析表"中的 A1 单元格中输入"答辩成绩分析表",复制"答辩成绩表"中的"班级名称""城镇规划""测量平差""工程测量""仪器维修"和"总评成绩"分别依次置于 A2:F2 单元格中;在 A3:A6 单元格中分别输入 SD1 班、SD2 班、SD3 班和 SD4 班。

(9) 设置"答辩成绩分析表"中的 A1:F1 合并及居中,设置字体为黑体、加粗,字号为 18 号,第 1 行行高设置为 30,设置 A2:F6 区域的内外边框为蓝色细实线,参考样张图 4-74(b)。

(10) 将工作簿以原文件名原文件类型保存至自己的学号文件夹。

案例二　制作人均消费统计图

案例情境

某外企公司想在中国开设连锁超市,为了了解全国各地区的消费能力,让企划部调研制作并计算出各地区的消费数据,并制作数据图表以便直观地反映各地区的消费水平。

案例素材

4.2　制作人均消费统计图.xlsx

任务 1　格式化消费调查表

企划部通过调研获得了 2014 年度各地区的城镇居民人均消费支出情况,在制作数据表的过程中,需要对数据表中的部分内容和格式进行调整。

1. 将"调查"工作表中的东部城市、中部城市、西部城市和东北城市全部替换为东部地区、中部地区、西部地区和东北地区。

◆ **操作步骤**

(1) 单击"调查"工作表,选择 B2:E2 单元格区域,单击"开始"菜单下的"编辑"选项组,单击"查找和选择"下方的三角形展开下拉菜单,如图 4-75 所示。

图 4-75　"查找和替换"下拉菜单　　　　图 4-76　"查找和替换"对话框

(2) 在下拉菜单中选择"替换"命令,弹出"查找和替换"对话框,如图 4-76 所示。在"查找内容"右侧文本框中输入"城市","替换为"右侧文本框中输入"地区",单击"全部替换"按钮完成替换。

◆ **知识点剖析**

用户在使用 Excel 表格的时候,由于数据太多,想要找出一些相同数据时就很费劲,若发现有很多相同的数据写错了,且要一个个进行修改,那么需要耗的时间将更多。若学会熟练操作 Excel 表格中的查找和替换功能,完成操作就很方便。

1. 查找数据

(1)首先选中需要查找的数据区域,单击"开始"菜单下的"编辑"选项组,单击"查找和选择"下方的三角形展开下拉菜单,在弹出来的功能菜单中,选择"查找"菜单,也可以用快捷键【Ctrl＋F】进行快速打开查找功能,如图 4－75 所示。

(2)在下拉菜单中选择"查找"命令,弹出"查找与替换"对话框,单击"查找"选项卡,在"查找内容"右侧输入需要查找的内容,单击"查找全部"按钮,如图 4－77 所示,在对话框底部显示查找到对应数据的单元格个数。用户也可以单击"查找下一个"一个一个在所选列表中进行查找。

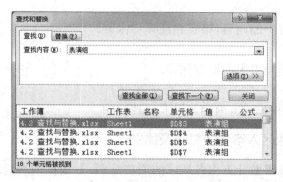

图 4－77　"查找和替换"对话框——"查找"选项卡

2. 替换数据

(1)单击"调查"工作表,选择 B2:E2 单元格区域,单击"开始"菜单下的"编辑"选项组,单击"查找和选择"下方的三角形展开下拉菜单,如图 4－75 所示。

(2)在下拉菜单中选择"替换"命令,弹出"查找和替换"对话框,如图 4－76 所示,分别在"查找内容"和"替换为"右侧文本框中输入相应内容,单击"全部替换"按钮完成替换。

2. 清除"调查"工作表中"统计时间:2015 年 8 月 1 日"的格式。

◆ 操作步骤

(1)选中 A14 单元格,单击"开始"菜单下"编辑"选项组,单击"清除"选项右侧三角形展开下拉菜单,如图 4－78 所示。

图 4－78　"清除"下拉菜单

(2)在下拉菜单中选择"清除格式"选项,则原来的 A14 单元格中的数据格式由" 14 *统计时间:2015年8月1日* "更改为" 14 统计时间:2015年8月1日 "。

◆ **知识点剖析**

用户在操作过程中需要对已有的内容、格式、批注、超链接或全部等进行删除,可以利用 Excel 中的清除功能完成。

选择需要清除的单元格或单元格区域,单击"开始"菜单下的"编辑"选项组,单击"清除"选项右侧三角形展开下拉菜单,如图 4-78 所示,用户可以根据具体要求选择清除某一项。

（1）全部清除

清除所选单元格中的全部内容,所有内容、格式和注释均从所选单元格中清除。

（2）清除格式

仅清除应用于所选单元格的格式,内容和注释保留。

（3）清除内容

仅清除所选单元格中的内容,格式和注释均保留。

（4）清除批注

清除附加到所选单元格中的所有注释。

（5）清除超链接

清除所选单元格的超链接,内容和格式未被清除。

任务 2　计算各地区人均消费总额及比例

企划部通过公式或函数计算出各地区的消费总额,并根据消费总额计算出各地区的消费比例。

1. 在工作表"调查"的合计行中,利用函数分别计算相应地区的人均消费支出合计（人均消费支出合计为食品、衣着等 8 项之和）。

◆ **操作步骤**

（1）单击"调查"工作表中的 B11 单元格,单击"开始"菜单下的"编辑"选项组,单击"Σ 自动求和"右侧的三角形展开下拉菜单,如图 4-79 所示。

图 4-79　常用函数列表

（2）在下拉列表中选择"求和"选项,如图 4-80 所示,在 B11 单元格中自动输入公式 "=SUM(B3:B10)",如图 4-80 所示。公式正确后,直接按下【Enter】键完成公式的编辑。

VLOOKUP	▼ × ✓ fx	=SUM(B3:B10)		
	A	B	C	D	E

	A	B	C	D	E
1	城镇居民人均消费支出情况				
2	项目	东部地区	中部地区	西部地区	东北地区
3	食品	5173.23	3773.72	4110.95	4024.89
4	衣着	1349.14	1170.09	1235.79	1378.41
5	居住	1433.64	1077.95	988.98	1231.01
6	家庭设备用品及服务	939.34	698.62	688.69	573.46
7	医疗保健	929.81	753.09	739.64	1029.41
8	交通通信	2315.21	1068.86	1317.97	1265.86
9	教育文化娱乐服务	1903.43	1140.37	1163.64	1118.99
10	杂项商品与服务	575.95	348.36	396.32	506.87
11	合计	=SUM(B3:B10)			
12		SUM(number1, [number2], ...)			
13					
14	统计时间：2015年8月1日				

图 4-80 求和函数的应用

（3）单击 B11 单元格，将鼠标指针移至 B11 单元格右下角，当鼠标指针由空心十字架变成实心十字架时，按住鼠标左键拖动至 E11 单元格后松开鼠标左键，完成公式序列的填充，如图 4-81 所示。

B11	▼	fx	=SUM(B3:B10)		
	A	B	C	D	E

	A	B	C	D	E
1	城镇居民人均消费支出情况				
2	项目	东部地区	中部地区	西部地区	东北地区
3	食品	5173.23	3773.72	4110.95	4024.89
4	衣着	1349.14	1170.09	1235.79	1378.41
5	居住	1433.64	1077.95	988.98	1231.01
6	家庭设备用品及服务	939.34	698.62	688.69	573.46
7	医疗保健	929.81	753.09	739.64	1029.41
8	交通通信	2315.21	1068.86	1317.97	1265.86
9	教育文化娱乐服务	1903.43	1140.37	1163.64	1118.99
10	杂项商品与服务	575.95	348.36	396.32	506.87
11	合计	14619.75	10031.06	10641.98	11128.9
12					
13					
14	统计时间：2015年8月1日				

图 4-81 序列的填充

◆ 知识点剖析

函数是按照特定语法进行计算的一种表达式，使用函数进行计算，在简化公式的同时也提高了工作效率。

函数使用被称为参数的特定数值，按照被称为语法的特定顺序进行计算。例如，SUM 函数对单元格或单元格区域执行相加运算。

参数可以是数字、文本、逻辑值、数值、错误值或者单元格引用。给定的参数必须能够产生有效的值。参数也可以是常量、公式或其他函数。

函数的语法以函数名称开始，后面分别是左圆括号、以逗号隔开的各个参数和右圆括号。如果函数以公式的形式出现，则在函数名称前面键入等于号"＝"。

常用函数说明如下：

1. SUM 求和函数

格式：＝SUM(Number1,Number2,…)，参数 Number1,Number2,… 可以是数值或含

有数值的单元格的引用。

功能:求出指定区域中所有数的和。

示例:选中需要返回计算总和的单元格,单击"开始"菜单下的"编辑"选项组,单击"Σ自动求和"右侧的三角形展开下拉菜单,如图 4－79 所示。在下拉列表中选择"Σ求和"选项,检查函数内的参数,公式正确后,直接按下【Enter】键完成公式的编辑,如图 4－82 所示。

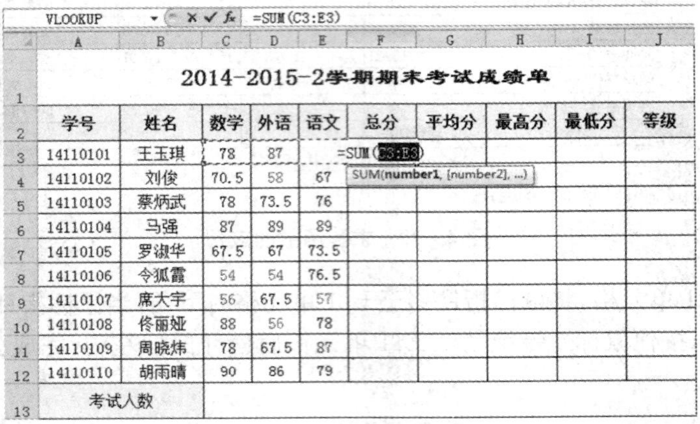

图 4－82　SUM 求和示例

2. AVERAGE 求平均值函数

格式:＝AVERAGE(Number1,Number2,…),参数 Number1,Number2,…可以是数值或含有数值的单元格的引用。

功能:求指定区域中的平均值。

示例:选中需要返回计算平均值的单元格,单击"开始"菜单下的"编辑"选项组,单击"Σ自动求和"右侧的三角形展开下拉菜单,如图 4－79 所示。在下拉列表中选择"平均值"选项,检查函数内的参数,公式正确后,直接按下【Enter】键完成公式的编辑,如图 4－83 所示。

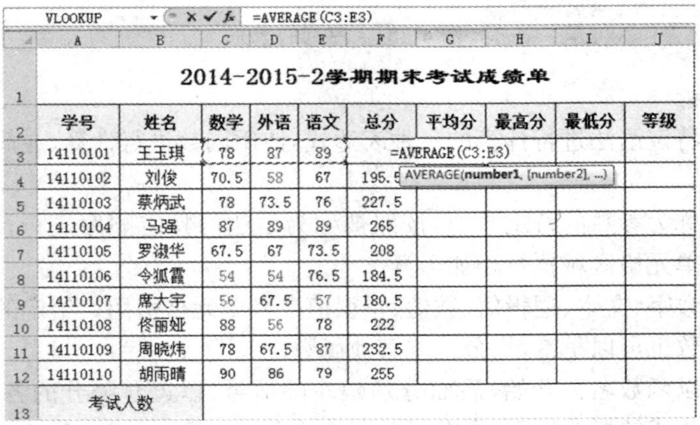

图 4－83　AVERAGE 求平均值示例

3. MAX 求最大值函数

格式:＝MAX(Number1,Number2,…),参数 Number1,Number2,…可以是数值或含

有数值的单元格的引用。

功能:求指定区域中的最大值。

示例:选中需要返回计算最大值的单元格,单击"开始"菜单下的"编辑"选项组,单击"∑自动求和"右侧的三角形展开下拉菜单,如图 4-79 所示。在下拉列表中选择"最大值"选项,检查函数内的参数,公式正确后,直接按下【Enter】键完成公式的编辑,如图 4-84 所示。

VLOOKUP	▼ × ✓ ƒx	=MAX(C3:C3)							
	A	B	C	D	E	F	G	H	I	J

2014-2015-2学期期末考试成绩单

学号	姓名	数学	外语	语文	总分	平均分	最高分	最低分	等级
14110101	王玉琪	78	87	89	254	84.66667	=MAX(C3:C3)		
14110102	刘俊	70.5	58	67	195.5	65.16667	MAX(**number1**, [number2], …)		
14110103	蔡炳武	78	73.5	76	227.5	75.83333			
14110104	马强	87	89	89	265	88.33333			
14110105	罗淑华	67.5	67	73.5	208	69.33333			
14110106	令狐霞	54	54	76.5	184.5	61.5			
14110107	席大宇	56	67.5	57	180.5	60.16667			
14110108	佟丽娅	88	56	78	222	74			
14110109	周晓炜	78	67.5	87	232.5	77.5			
14110110	胡雨晴	90	86	79	255	85			
考试人数									

图 4-84　MAX 求最大值示例

4. MIN 求最小值函数

格式:=MIN(Number1,Number2,…),参数 Number1,Number2,…可以是数值或含有数值的单元格的引用。

功能:求指定区域中的最小值。

示例:选中需要返回计算最小值的单元格,单击"开始"菜单下的"编辑"选项组,单击"∑自动求和"右侧的三角形展开下拉菜单,如图 4-79 所示。在下拉列表中选择"最小值"选项,检查函数内的参数,公式正确后,直接按下【Enter】键完成公式的编辑,如图 4-85 所示。

VLOOKUP	▼ × ✓ ƒx	=MIN(C3:E3)							
	A	B	C	D	E	F	G	H	I	J	K

2014-2015-2学期期末考试成绩单

学号	姓名	数学	外语	语文	总分	平均分	最高分	最低分	等级
14110101	王玉琪	78	87	89	254	84.66667	254	=MIN(C3:E3)	
14110102	刘俊	70.5	58	67	195.5	65.16667	195.5	MIN(**number1**, [number2], …)	
14110103	蔡炳武	78	73.5	76	227.5	75.83333	227.5		
14110104	马强	87	89	89	265	88.33333	265		
14110105	罗淑华	67.5	67	73.5	208	69.33333	208		
14110106	令狐霞	54	54	76.5	184.5	61.5	184.5		
14110107	席大宇	56	67.5	57	180.5	60.16667	180.5		
14110108	佟丽娅	88	56	78	222	74	222		
14110109	周晓炜	78	67.5	87	232.5	77.5	232.5		
14110110	胡雨晴	90	86	79	255	85	255		
考试人数									

图 4-85　MIN 求最小值示例

5. COUNT 求个数函数

格式:=COUNT(Value1,Value2,…),参数 Value1,Value2,…可以包含或引用不同类

型的数据,但只对数字型数据进行计数。

功能:求指定区域中包含数字的单元格的个数。

示例:选中需要返回 COUNT 计算个数的单元格,单击"开始"菜单下的"编辑"选项组,单击"∑自动求和"右侧的三角形展开下拉菜单,如图 4-79 所示。在下拉列表中选择"计数"选项,检查函数内的参数,公式正确后,直接按下【Enter】键完成公式的编辑,如图 4-86 所示。

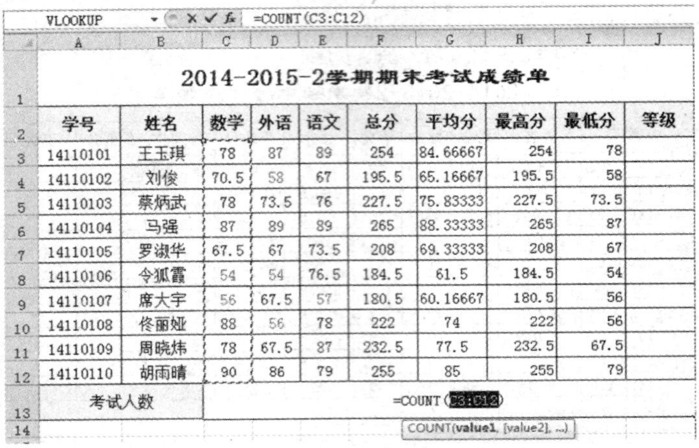

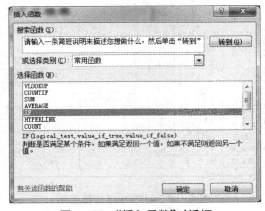

図 4-86 COUNT 计数函数示例

6. IF 条件函数

格式:＝IF(Logical_test,Value_if_true,Value_if_false),其中,Logical_test 指的是数值或表达式,用于设定判断条件;Value_if_true 是 Logical_test 为 true 时的返回值,如果忽略,则返回 true;Value_if_false 是 Logical_test 为 false 时的返回值,如果忽略,则返回 false。

功能:判断是否满足某个条件,如果满足,则返回一个值,如果不满足,则返回另一个值。IF 函数最多可嵌套 7 层。

示例:选中需要返回判断值的单元格,单击"开始"菜单下的"编辑"选项组,单击"∑自动求和"右侧的三角形展开下拉菜单,如图 4-79 所示。在下拉列表中选择"其他函数"选项,弹出"插入函数"对话框,如图 4-87 所示。

図 4-87 "插入函数"对话框

选择"IF"函数,单击"确定"按钮后弹出"函数参数"对话框。在 Logical_test 右侧文本框中输入判断条件,在 Value_if_true 右侧文本框中输入满足条件需要返回的值,在 Value_if_false 右侧文本框中输入不满足条件需要返回的值,检查函数内的参数,公式正确后,单击"确定"按钮,如图 4－88 所示。

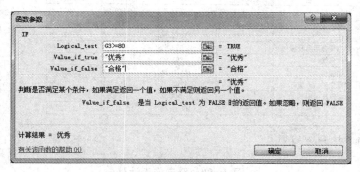

图 4－88　IF 函数示例

常见函数 SUM、AVERAGE、MAX、MIN、COUNT、IF 的计算样张如图 4－89 所示。

学号	姓名	数学	外语	语文	总分	平均分	最高分	最低分	等级
14110101	王玉琪	78	87	89	254	84.66667	254	78	优秀
14110102	刘俊	70.5	58	67	195.5	65.16667	195.5	58	合格
14110103	蔡炳武	78	73.5	76	227.5	75.83333	227.5	73.5	合格
14110104	马强	87	89	89	265	88.33333	265	87	优秀
14110105	罗淑华	67.5	67	73.5	208	69.33333	208	67	合格
14110106	令狐霞	54	54	76.5	184.5	61.5	184.5	54	合格
14110107	席大宇	56	67.5	57	180.5	60.16667	180.5	56	合格
14110108	佟丽娅	88	56	78	222	74	222	56	合格
14110109	周晓炜	78	67.5	87	232.5	77.5	232.5	67.5	合格
14110110	胡雨晴	90	86	79	255	85	255	79	优秀
考试人数					10				

表标题:2014-2015-2学期期末考试成绩单

图 4－89　函数汇总示例

2. 在工作表"统计"中,引用"调查"工作表中数据,利用公式分别计算四个地区各项目人均消费支出占比,结果以带 2 位小数的百分比格式显示(人均消费支出比例＝项目支出/合计)。

◆ **操作步骤**

(1) 单击"统计"工作表的 B3 单元格,首先在 B3 单元格中输入等于号"＝",然后用鼠标左键单击"调查"工作表中 B3 单元格,接着输入除号"/",再单击"调查"工作表中 B11 单元格,如图 4－90 所示。公式正确后直接按下【Enter】键,确认后返回到"统计"工作表。

IF =调查!B3/调查!B11

	A	B	C	D	E	F
1	城镇居民人均消费支出情况					
2	项目	东部地区	中部地区	西部地区	东北地区	
3	食品	5173.23	3773.72	4110.95	4024.89	
4	衣着	1349.14	1170.09	1235.79	1378.41	
5	居住	1433.64	1077.95	988.98	1231.01	
6	家庭设备用品及服务	939.34	698.62	688.69	573.46	
7	医疗保健	929.81	753.09	739.64	1029.41	
8	交通通信	2315.21	1068.86	1317.97	1265.86	
9	教育文化娱乐服务	1903.43	1140.37	1163.64	1118.99	
10	杂项商品与服务	575.95	348.36	396.32	506.87	
11	合计	14619.75	10031.06	10641.98	11128.9	
12						
13						
14	统计时间：2015年8月1日					

调查 统计 基础调查数据

图 4－90　跨工作表计算

(2) 由于计算每个项目消费占合计消费的比例，所以分母始终都是 B11 单元格，因此，需要修改“统计”工作表中 B3 单元格的公式。单击“统计”工作表中的 B3 单元格，将鼠标移至编辑栏，单击分母后，再按下键盘上的【F4】功能键，使得分母地址由相对地址更改为绝对地址，“统计”工作表中 B3 单元格的公式由“＝调查！B3/调查！B11”更改为“＝调查!B3/调查!＄B＄11”，按下【Enter】键确认公式。

(3) 单击“统计”工作表中的 B3 单元格，将鼠标移至 B3 单元格右下角，当鼠标变成实心十字架后，按住左键向下拖动至 B10 单元格，依次完成中部地区、西部地区、东北地区各项消费占合计的消费比例。

(4) 选中 B3:E10 单元格区域，单击“开始”菜单下的“数字”选项组右下角的“对话框启动器”，在弹出的“设置单元格格式”对话框中选择“数字”选项卡下方的“百分比”选项，并在右侧设置小数点位数为 2，单击“确定”按钮完成格式设置，如图 4－91 所示。

B3 =调查!B3/调查!$B$11

	A	B	C	D	E
1	城镇居民人均消费支出比例				
2	项目	东部地区	中部地区	西部地区	东北地区
3	食品	35.39%	37.62%	38.63%	36.17%
4	衣着	9.23%	11.66%	11.61%	12.39%
5	居住	9.81%	10.75%	9.29%	11.06%
6	家庭设备用品及服务	6.43%	6.96%	6.47%	5.15%
7	医疗保健	6.36%	7.51%	6.95%	9.25%
8	交通通信	15.84%	10.66%	12.38%	11.37%
9	教育文化娱乐服务	13.02%	11.37%	10.93%	10.05%
10	杂项商品与服务	3.94%	3.47%	3.72%	4.55%

图 4－91　相对地址与绝对地址的计算

◆ **知识点剖析**

公式与函数都是 Excel 的重要组成部分，经常应用于数据分析、报表统计等工作、生活和学习多种场合。在单元格中输入正确的公式或函数后，会立即在单元格中显示计算出来的结果。如果改变了工作表中与公式有关的或作为函数参数的单元格中的数据，Excel 会自动更新计算结果,这给用户进行数据分析和统计带来了便捷之处。

1. 运算符

Excel 2010 包含 4 中类型的运算符:算术运算符、比较运算符、文本运算符和引用运算符。

（1）算术运算符

算术运算符用来完成基本的数学运算,如加法、减法、乘法、除法等,算术运算符如图 4－92 所示。

	A	B	C	D	E	F
			fx	=A1^B1		
1	8	2		示例	功能	示例
2				"=A1+B1"	加	10
3				"=A1-B1"	减	6
4				"=-A1"	负数	-8
5				"=A1*B1"	乘	16
6				"=A1/B1"	除	4
7				"=A1%"	百分号	0.08
8				"=A1^B1"	乘方	64

图 4－92　算术运算符示例

（2）文本运算符

在 Excel 2010 中,可以利用文本运算符 & 将文本连接起来,如图 4－93 所示。

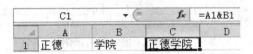

	A	B	C	D
			fx	=A1&B1
1	正德	学院	正德学院	

图 4－93　文本运算符示例

（3）比较运算符

比较运算符可以比较两个数值并产生逻辑值 TRUE 或 FALSE,比较运算符如图 4－94 所示。

	A	B	C	D	E	F
			fx	=A1>=B1		
1	8	2		示例	功能	结果
2				"=A1=B1"	等于	FALSE
3				"=A1<B1"	小于	FALSE
4				"=A1>B1"	大于	TRUE
5				"=A1<>B1"	不等于	TRUE
6				"=A1<=B1"	小于等于	FALSE
7				"=A1>=B1"	大于等于	TRUE

图 4－94　比较运算符示例

（4）引用运算符

引用运算符主要用于连接或交叉多个单元格区域,形成一个新的单元格区域,引用运算符如表 4－2 所示。

表 4 - 2　引用运算符

引用运算符	含义	示例
:(冒号)	区域运算符,对两个引用之间,包括两个引用在内的所有单元格进行引用	"=SUM(A1:B3)",表示将 A1、A2、A3、B1、B2、B3 单元格内的数值相加
,(逗号)	联合运算符,将多个引用合并为一个引用	"=SUM(A1,B3)",表示将 A1 和 B3 单元格数值相加
(空格)	交叉运算符,表示几个单元格区域所重叠的单元格	"=SUM(A1:C3 B2:D4)",表示 A1:C3 和 B2:D4 这两个单元格区域的共有单元格为 B2、B3、C2、C3

2. 单元格引用

在使用公式或函数时,经常要引用单元格,单元格的引用一般有三种方式:相对引用、绝对引用和混合引用。

(1) 相对引用

单元格的相对引用是基于单元格的相对位置,如 A1,如果公式所引用的单元格地址改变,引用也随之改变。如图 4-95 所示,D2＝A1 * B1＝8 * 2＝16,复制 D2 公式至 E2 单元格后,E2＝B1 * C1＝2 * 0＝0。

图 4-95　相对引用示例

(2) 绝对引用

总是在指定位置引用单元格,如 $A$1 单元格地址,即使公式所在单元格的位置改变,绝对地址也保持不变。如图 4-96 所示,D2＝$A$1 * $B$1＝8 * 2＝16,复制 D2 公式至 E2 单元格后,E2＝$A$1 * $B$1＝8 * 2＝16。

图 4-96　绝对引用示例

(3) 混合引用

混合引用是相对引用和绝对引用的组合,具有绝对列和相对行,或绝对行和相对列的特征,如 $A1、B$2 单元格地址。如果公式所在单元格的位置改变,则相对引用改变,而绝对引用不变。如图 4-97 所示,D2＝A$1 * $B1＝8 * 2＝16,复制 D2 公式至 E2 单元格后,E2＝B$1 * $B1＝2 * 2＝4。

图 4-97　混合引用示例

3. 公式的输入与编辑

公式是一组表达式,由单元格引用、常量、运算符、括号组成,复杂的公式还可以包括函数,用于计算生成新的值。在 Excel 2010 中,公式总是以等于号(=)开始的,默认情况下,公式的计算结果显示在单元格中,公式的表达式显示在编辑栏中。

(1)公式的输入

首先选中输入公式的单元格,然后输入"=",最后输入公式表达式,公式正确后,按【Enter】键,如图 4-95 所示。

> ▶ **提示:**
> 在输入公式时,运算符必须都是西文的半角字符。

(2)修改公式

首先双击需要修改公式的单元格地址进入编辑状态,然后在单元格内或编辑栏修改公式,公式正确后,按【Enter】键确认输入。

4. 公式或函数中的常见错误

在公式或函数输入过程中,常常会出现错误,系统会给出不同的错误提示,方便用户根据错误提示检查错误。常见的错误提示如下:

(1)＃＃＃＃＃!

原因:如果单元格所含的数字、日期或时间比单元格宽,或者单元格的日期时间公式产生了一个负值,就会产生"＃＃＃＃＃!"错误。

解决方法:如果单元格所含的数字、日期或时间比单元格宽,可以通过拖动列表之间的宽度来修改列宽。如果使用的是 1900 年的日期系统,那么 Excel 中的日期和时间必须为正值,用较早的日期或者时间值减去较晚的日期或者时间值就会导致"＃＃＃＃＃!"错误。如果公式正确,也可以将单元格的格式改为非日期和时间型来显示该值,如图 4-98 所示。

	A	B	C	D	E	F	G	H
1	丰年农牧运销公司员工资料							
2	工号	姓名	性别	年龄	聘用日期	教育	职称	婚姻状况
3	214001	王芳香	女	25	###############	高中	副教授	未婚
4	214002	吴宝珠	女	32	1994年9月4日	研究所	副教授	未婚
5	214003	王绣雯	女	28	1994年9月4日	研究所	讲师	未婚
6	214004	向大鹏	男	26	1994年9月4日	高中	讲师	未婚

图 4-98 "＃＃＃＃＃!"错误提示示例

(2)＃VALUE!

当使用错误的参数或运算对象类型时,或者当公式自动更正功能不能更正公式时,将产生错误值＃VALUE!。

原因 1:在需要数字或逻辑值时输入了文本,Excel 不能将文本转换为正确的数据类型。

解决方法:确认公式或函数所需的运算符或参数正确,并且公式引用的单元格中包含有效的数值,如图 4-99 所示。

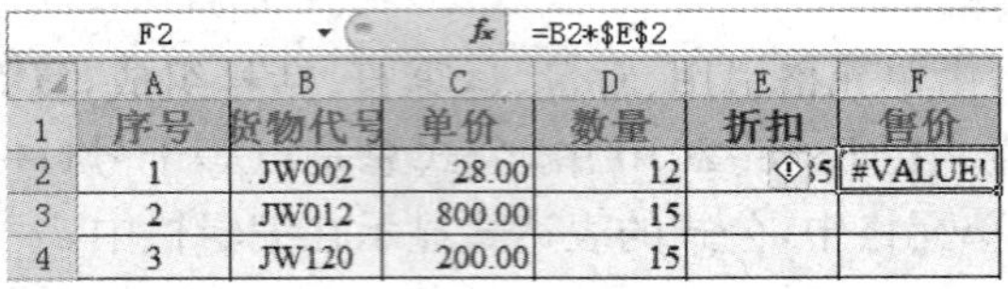

图 4 - 99　"#VALUE!"错误提示示例

原因 2：将单元格引用、公式或函数作为数组常量输入。

解决方法：确认数组常量不是单元格引用、公式或函数。

原因 3：赋予需要单一数值的运算符或函数一个数值区域。

解决方法：将数值区域改为单一数值。修改数值区域，使其包含公式所在的数据行或列。

（3）#DIV/0!

当公式被零除时，将会产生错误值#DIV/0!。

原因 1：在公式中，除数使用了指向空单元格或包含零值单元格的单元格引用（在 Excel 中如果运算对象是空白单元格，Excel 将此空值当作零值），如图 4 - 100 所示。

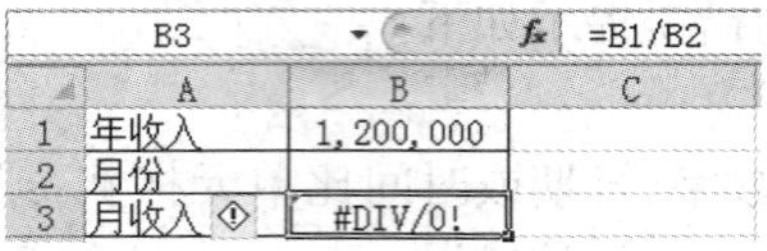

图 4 - 100　"#DIV/0!"错误提示示例

解决方法：修改单元格引用，或者在用作除数的单元格中输入不为零的值。

原因 2：输入的公式中包含明显的除数零，例如：＝5/0。

解决方法：将零改为非零值。

（4）#NAME?

在公式中使用了 Excel 不能识别的文本时将产生错误值#NAME?。

原因 1：删除了公式中使用的名称，或者使用了不存在的名称，或者名称的拼写错误。

解决方法：确认使用的名称确实存在，或者修改拼写错误的名称。

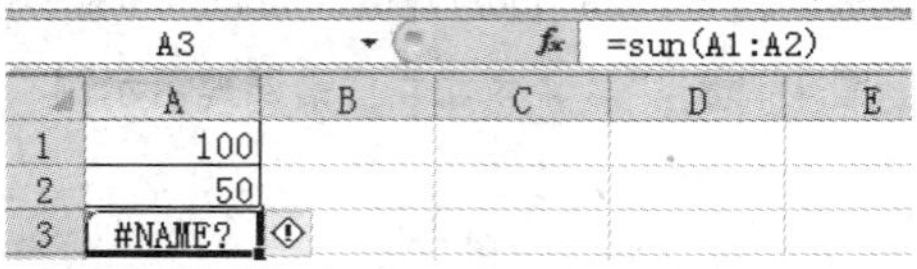

图 4 - 101　"#NAME?"错误提示示例

原因 2：在公式中输入文本时没有使用双引号。

解决方法：Excel 将其解释为名称，而不理会用户准备将其用作文本的想法，将公式中的文本括在双引号中。例如：将"＝"正德"＆学院"修改为"＝"正德"＆"学院""。

原因 3：在区域的引用中缺少冒号。

解决方法：确认公式中，所有区域引用都使用冒号。例如：将"＝SUM(A1B4)"修改为"＝SUM(A1:B4)"。

(5) ♯N/A

原因：当在函数或公式中没有可用数值时，将产生错误值♯N/A。

解决方法：如果工作表中某些单元格暂时没有数值，请在这些单元格中输入"♯N/A"，公式在引用这些单元格时，将不进行数值计算，而是返回"♯N/A"，如图 4－102 所示。

B7			f_x	=VLOOKUP(A7,A2:E4,5,FALSE)	
	A	B	C	D	E	F
1	学号	姓名	语文	数学	英语	
2	101	周文	85	92	71	
3	102	张霞	88	75	90	
4	103	刘强	90	99	95	
5						
6	学号	英语				
7	107	#N/A				

图 4－102　"♯N/A"错误提示示例

(6) ♯REF!

当单元格引用无效时将产生错误值♯REF!。

原因：删除了由其他公式引用的单元格，或将移动单元格粘贴到由其他公式引用的单元格中。

解决方法：更改公式或者在删除或粘贴单元格之后，立即单击"撤消"按钮，以恢复工作表中的单元格，如图 4－103 所示。

A4			f_x	=A1&A3	
	A	B	C	D	E
1	TRUE				
2	触摸屏		删除第三行即可出现#REF!		
3	鼠标				
4	TRUE鼠标				

图 4－103　"♯REF!"错误提示示例

(7) ♯NUM!

当公式或函数中某个数字有问题时将产生错误值♯NUM!。

原因 1：在需要数字参数的函数中使用了不能接受的参数。

解决方法：确认函数中使用的参数类型正确无误，如图 4－104 所示。

B4			f_x	=SQRT(A4)	
	A	B	C	D
1	数字	平方根		
2	25	5		
3	36	6		
4	-25	#NUM!		

图 4－104　"♯NUM!"错误提示示例

原因 2：由公式产生的数字太大或太小，Excel 不能表示。

解决方法：修改公式，使其结果在有效数字范围之间。

(8) ♯NULL!

当试图为两个并不相交的区域指定交叉点时将产生错误值♯NULL!。

原因：使用了不正确的区域运算符或不正确的单元格引用。

解决方法：如果要引用两个不相交的区域，请使用联合运算符逗号(，)。公式要对两个区域求和,请确认在引用这两个区域时,使用逗号,如:SUM(A1:A13,D12:D23)。如果没有使用逗号,Excel 将试图对同时属于两个区域的单元格求和,但是由于 A1:A13 和 D12:D23 并不相交,所以他们没有共同的单元格。

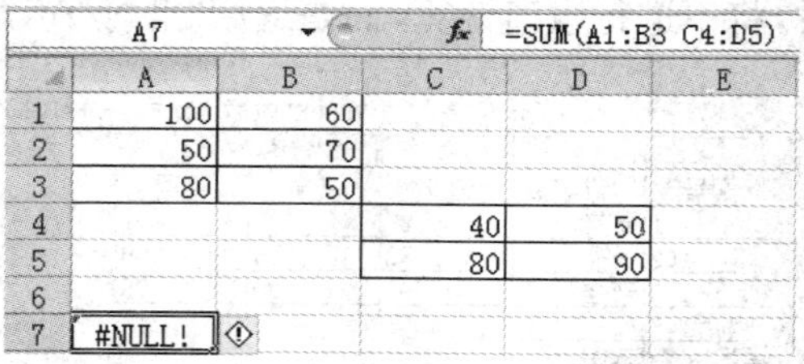

图 4-105 "♯NULL!"错误提示示例

任务 3 制作东部地区各项目人均消费统计图

Excel 2010 提供的丰富图表功能能够对工作表中的数据进行直观、形象地说明。公司要求以东部地区为对象制作一张反映人均消费的统计图表,并对制作完成的图表进行修饰,以便数据图表更明确、更美观。

1. 参考样张,根据"统计"工作表东部地区的数据,生成一张反映东部地区人均消费支出构成的"饼图",嵌入当前工作表中,图表标题为"东部地区人均消费支出构成",图例靠左,数据标志显示值。

◆ 操作步骤

(1) 选择"统计"工作表中的 A2:B10 单元格区域,单击"插入"菜单下的"图表"选项组之"饼图",如图 4-106 所示。

图 4-106 "插入"菜单——"图表"选项组

(2) 在下拉列表中选择二维饼图选项中的"饼图",生成如图 4-107 所示的饼图。

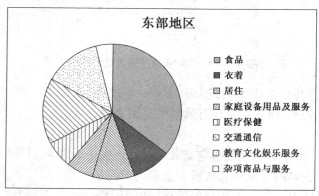

图 4-107 插入默认设置的饼图

（3）单击图表标题"东部地区"，将标题修改为"东部地区人均消费支出构成"。

（4）右击图表中的图例区域，在快捷菜单中选择"设置图例格式"命令，在弹出的对话框中选择"图例选项"，单击"图例位置"下方的"靠左"选项，如图 4-108 所示，单击"关闭"按钮回到图表界面。

图 4-108　"设置图例格式"对话框

（5）右击图表的饼图区域，在快捷菜单中选择"添加数据标签"，在饼图的周围将出现每个模块的数值，如图 4-109 所示。

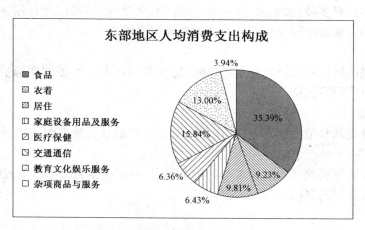

图 4-109　修饰后的图表样张

（6）单击"文件"菜单中的"另存为"命令，在"另存为"对话框中，更改保存位置为自己的学号文件夹，其他设置默认即可。

◆ 知识点剖析

在 Excel 2010 电子表格中，用户通过制作图表可以更直观地反映表格中数据的发展趋

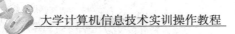

势或分布情况。有时为了更方便分析数据,用户还可以插入数据透视表和数据透视图。

1. 图表简介

为了能更加直观地表达表格中的数据,用户将数据以图表的形式进行表示。因此,图表是 Excel 2010 中非常重要的一项功能。

(1) 图表的结构

图表的基本结构包括图表区、绘图区、图表标题、数据系列、网格线、图例等,如图 4 - 110 所示。图表各组成部分的含义介绍如下:

① 图表标题

图表标题在图表中起到说明主题的作用,是图表性质的大致概括和描述,相当于一篇文档的标题,它可以自动与坐标轴对齐或居中排列于图表坐标轴的外侧。

② 图表区

在 Excel 2010 中,图表区是指包含制作整张图表及图表中元素的区域。

③ 绘图区

图表中的主体绘制区域。二维图表和三维图表的绘图区有所区别,在二维图表中,绘图区是以坐标轴为界并包括全部数据系列的区域;而在三维图表中,绘图区是以坐标轴为界并包含数据系列、分类名称、刻度线和坐标轴标题的区域。

④ 数据系列

数据系列又称为分类,它指的是图表上的一组相关数据点。在 Excel 2010 图表中,每个数据系列都用不同的颜色和图案加以区别,每一个数据系列分别来自于工作表的某一行或某一列。在同一张图表中(除了饼图),用户可以绘制多个数据系列。

⑤ 网格线

网格线类似于坐标纸,是图表中从坐标轴刻度线延伸并贯穿整个绘图区的可选线条系列。网格线的形式有多种:水平的、垂直的、主要的、次要的,还可以对它们进行组合。网格线使得对图表中的数据进行观察和估计更为准确和方便。

⑥ 图例

图例是包围图例项和图例项标示的方框,每个图例项左边的图例项标示和图表中相应数据系列的颜色和图案保持一致。

⑦ 数轴标题

用于标记分类轴和数值轴的名称,在 Excel 2010 中默认设置在图表的下面和左边。

⑧ 图表标签

用于在工作簿中切换图表工作表与其他工作表,可以根据需要修改图表标签的名称,方法跟更改工作表标签的名称一样。

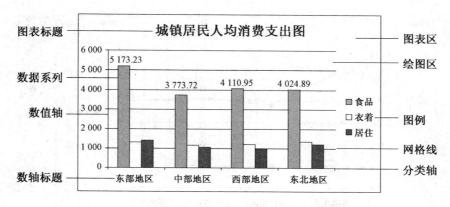

图 4 - 110　图表基本构成

（2）图表的类型

Excel 2010 提供了多种类型的图表样式，如柱形图、折线图、饼图、条形图、面积图和散点图等，每种图表各有其优点，适用于不同的场合。

① 柱形图

柱形图可直观地对比数据并分析出结果。柱形图有二维柱形图、三维柱形图、圆柱图和圆锥图等，如图 4 - 111 所示为三维柱形图。

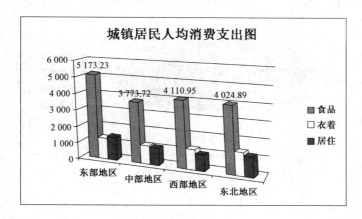

图 4 - 111　三维簇状柱形图

② 折线图

折线图可以直观地展示数据的走势状况。在 Excel 2010 中，折线图又分为二维折线图和三维折线图，如图 4 - 112 所示为二维折线图。

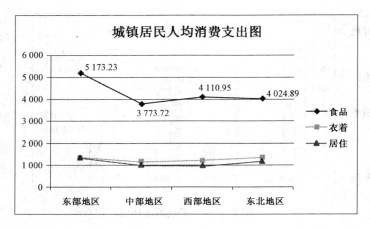

图 4 - 112　二维折线图

③ 饼图

饼图能直观地显示各部分数据占总数据的比例。在 Excel 2010 中,饼图又分为二维饼图和三维饼图,如图 4 - 113 所示为三维饼图。

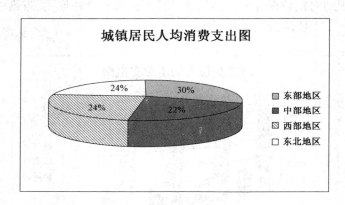

图 4 - 113　三维饼图

④ 条形图

条形图其实就是横向的柱形图,其作用与柱形图相同。在 Excel 2010 中,条形图可以分为二维条形图、三维条形图、圆柱图、圆锥图和棱锥图,如图 4 - 114 所示为圆柱图。

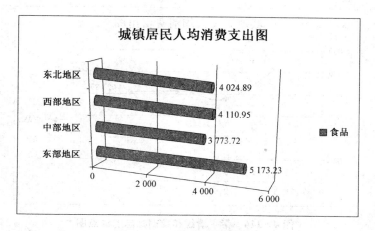

图 4 - 114　簇状水平圆柱图

⑤ 面积图

面积图能直观地显示数据的大小和走势。在 Excel 2010 中，面积图又可分为二维面积图和三维面积图，如图 4 - 115 所示为三维面积图。

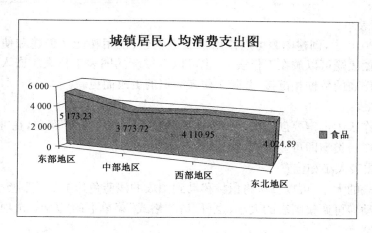

图 4 - 115　三维面积图

⑥ 散点图

散点图可以直观地显示图表数据点的精确走势，帮助用户对图表数据进行统计计算，如图 4 - 116 所示为带平滑线和数据标志的散点图。

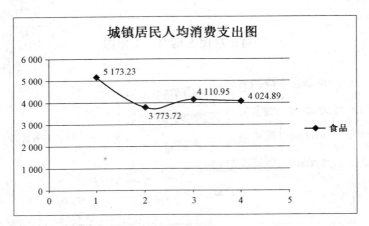

图 4 - 116　带平滑线和数据标志的散点图

> ▶ **说明：**
>
> 　　除了上面介绍的图表类型外，Excel 2010 还包括股价图、曲面图、圆环图、气泡图以及雷达图等各种类型的图表。

2. 插入图表

在 Excel 2010 中，创建图表可以使用快捷键创建、使用功能区创建和使用图表向导创建 3 种方法。图表既可以放在工作表上，也可以生成新的图表工作表。嵌入式图表和图表工作表都与工作表的数据相链接，并随工作表数据的更改而更新。

（1）创建图表

首先在工作区中选定要创建图表的数据区，然后切换至"插入"菜单，在"图表"选项组中选择要创建的图表类型即可。

（2）调整图表大小和位置

要调整图表的大小，可以直接将鼠标移动到图表的浅蓝色边框的控制点上，当形状变成双向箭头时拖动即可调整图表的大小；也可以在"格式"菜单下的"大小"选项组中精确设置图表的高度和宽度。

移动图表位置分为在当前工作表中移动和在工作表之间移动两种情况。若是在当前工作表中移动，则与图片、艺术字等对象的操作是一样的，只要单击图表区并按住鼠标左键进行拖动即可；若要在工作表之间移动，则需要右击图表区，在快捷菜单中选择"移动图表"命令，在打开"移动图表"对话框中，选择"对象位于"单选按钮，在右侧的下拉列表中选择目的地工作表，单击"确定"按钮即可。

> ▶ **提示：**
>
> 　　也可以单击"设计"菜单，在"位置"选项组中单击"移动图表"按钮，然后在"移动图表"对话框中进行移动操作。

3. 编辑图表

图表创建完成后，用户可以根据需要随时对图表中数据等对象进行修改。常见更改图表的几种情况介绍如下：

（1）更改图表数据源

① 右击图表中的图表区，在快捷菜单中选择"选择数据"命令，打开"选择数据源"对话框，单击"图表数据区域"右侧的折叠按钮，如图 4 - 117 所示。

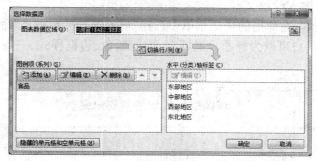

图 4 - 117　"选择数据源"对话框

② 返回 Excel 工作表重新选择数据源区域，在折叠的"选择数据源"对话框中显示重新选择后的单元格区域。

③ 单击展开按钮，返回"选择数据源"对话框，将自动输入新的数据区域，并添加相应的图例和水平轴标签，如图 4 - 118 所示。

图 4 - 118　选择数据后的"选择数据源"对话框

④ 确认无误后，单击"确定"按钮，即可在图表中添加新的数据，如图 4 - 119 所示。

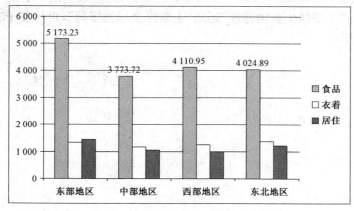

图 4 - 119　添加了新数据的图表

（2）添加并修饰图表标题

若要为图表添加一个标题并对其进行美化，具体操作步骤如下：

① 选中图表，单击"图表工具"菜单下的"布局"选项组，在"标签"选项组中单击"图表标题"按钮，在下拉菜单中选择一种放置标题的方式。

② 在文本框中输入标题文本。

③ 右击标题文本，在弹出的快捷菜单中选择"设置图表标题格式"命令，打开"设置图表标题格式"对话框，用户可以为标题设置填充、边框颜色、边框样式、三维格式以及对齐方式等，如图4-120所示。

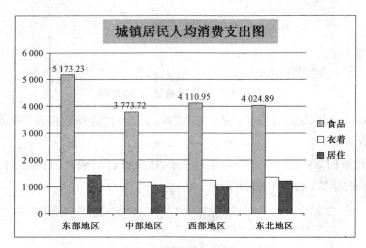

图4-120　添加标题及设置标题格式

（3）设置坐标轴及标题

用户可以选择是否显示坐标轴以及其显示方式，为了使水平和垂直坐标的内容更加明确，还可以为坐标轴添加标题。设置坐标轴及标题的具体操作步骤如下：

① 选中图表，单击"图表工具"菜单下的"布局"选项组，在"坐标轴"选项组中单击"坐标轴"按钮，然后选择要设置"主要横坐标轴"还是"主要纵坐标轴"，再从子菜单中选择设置项即可。

② 若要设置坐标轴标题，可以在"布局"选项组的"标签"选项组中单击"坐标轴标题"按钮，然后选择设置"主要横坐标轴标题"还是"主要纵坐标轴标题"，再从其子菜单中选择设置项，如图4-121所示。

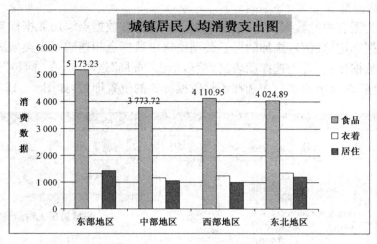

图 4 - 121　设置图表的坐标轴及标题

③ 右击图表中的横坐标轴或纵坐标轴,在弹出的快捷菜单中选择"设置坐标轴格式"命令,在打开的"设置坐标轴格式"对话框中对坐标轴进行设置。采用同样的方法,右击横坐标轴标题或纵坐标轴标题,在弹出的快捷菜单中选择"设置坐标轴标题格式"命令,在打开的"设置坐标轴标题格式"对话框中设置坐标轴标题的格式,如图 4 - 122 所示。

图 4 - 122　"设置坐标轴标题格式"对话框

（4）添加图例

图例中的图标代表每个不同类型的数据系列的标志。若要添加图例,可以选择图表,单击"布局"选项卡,在"标签"选项组中单击"图例"按钮,在弹出的菜单中选择一种图例的放置位置,Excel 会根据图例的大小自动调整绘图区的大小,如图 4 - 108 所示。

（5）添加数据标签

用户可以为图表中的数据系列、单个数据点或者所有数据点添加数据标签，即显示在数据系列上的数据标记（数值），添加的标签类型由选定数据点相连的图表类型决定。

若要添加数据标签，首先选择图表区，然后单击"布局"选项卡，在"标签"选项组中单击"数据标签"按钮，在弹出的菜单中选择添加数据标签的位置即可，如图4-123所示。

图4-123 添加数据标签

若要对数据标签的格式进行设置，可以单击"数据标签"按钮后选择"其他数据标签选项"命令，打开"设置数据标签格式"对话框。单击左侧项目进行修改，如图4-124所示。

图4-124 "设置数据标签格式"对话框

（6）显示模拟运算表

模拟运算表是显示在图表下方的网格，其中有每个数据系列的值。如果要在图表中显示模拟运算表,可以单击图表,然后切换到功能区中的"布局"选项卡,在"标签"选项组中单击"模拟运算表"按钮,在弹出的菜单中选择一种放置模拟运算表的方式,如图 4-125 所示。

城镇居民人均消费支出图

	东部地区	中部地区	西部地区	东北地区
食品	5 173.23	3 773.72	4 110.95	4 024.89
衣着	1 349.14	1 170.09	1 235.79	1 378.41
居住	1 433.64	1 077.95	988.98	1 231.01

图 4-125　显示模拟运算表

（7）更改图表类型

Excel 提供了若干种标准的图表类型和自定义的类型,用户在创建图表时可以选择合适的图表类型,也可以对已有的图表类型进行修改。具体操作步骤如下:

① 如果是一个嵌入式图表,则单击选定其图表;如果是图表工作表,则单击相应的工作表标签,以将其选定。

② 单击"设计"选项卡,在"类型"选项组中单击"更改图表类型"按钮,出现如图 4-126 所示的"更改图表类型"对话框。

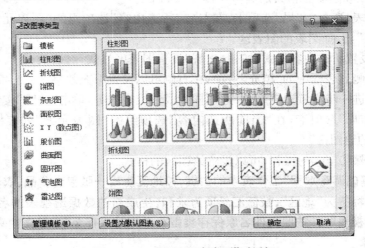

图 4-126　"更改图表类型"对话框

③ 在"图表类型"列表框中选择所需的图表类型,再从右侧选择所需的子图表类型。

④ 单击"确定"按钮。

(8) 设置图表样式

创建图表后,可以使用 Excel 提供的布局和样式来快速设置图表外观,这对于不熟悉分步调整图表选项的用户来说是比较方便的。设置图表样式的具体操作步骤如下:

① 单击图表中的图表区,选择"设计"选项卡,在"图表布局"选项组中选择图表的布局类型,然后在"图表样式"选项组中选择图表的颜色搭配方案。

② 选择图表布局和样式后,即可快速得到最终的效果,如图 4-127 所示。

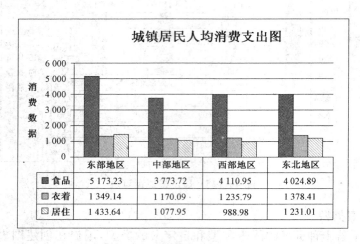

图 4-127 设置图表布局和样式后的效果

(9) 设置图表区与绘图区的格式

图表区是放置图表及其他元素(包括标题与图形)的大背景。单击图表的空白位置,当图表最外框出现 8 个句柄时,表示选定了图表区。绘图区是放置图表主体的背景。

设置图表区和绘图区格式的具体操作步骤如下:

① 单击图表,选择"布局"选项卡,在"当前所选内容"选项组的"图表元素"下拉列表框中选择"图表区",选择图表的图表区。

② 单击"设置所选内容格式"按钮,出现"设置图表区格式"对话框。

③ 选择左侧列表框中的"填充"选项,在右侧可以设置填充效果。

④ 还可以进一步设置边框颜色、边框样式或三维格式等,单击"关闭"按钮。

⑤ 单击"布局"选项卡,在"当前所选内容"选项组的"图表元素"列表框中选择"绘图区",选择图表的绘图区。

⑥ 重复步骤②至⑤的操作,可以设置绘图区的格式。

2. 根据"基础调查数据"工作表中的数据,按地区生成一张包含食品、衣着、居住三项的数据透视表,行标签为"地区",数值汇总项为求和,生成新的数据透视表的名称为"食品、衣着、居住数据透视表",并按原文件名原保存类型将工作簿保存至"学号文件夹"。

◆ **操作步骤**

(1) 选择"基础调查数据"工作表中的 A2:E42 单元格区域,单击"插入"菜单下的"数据透视表"选项组,在下拉列表中选择"数据透视表"命令,弹出"创建数据透视表"对话框,如图 4-128 所示。

图 4 - 128　"创建数据透视表"对话框

（2）在"请选择要分析的数据"下方确认数据透视表的数据源，在"选择放置数据透视表的位置"下方选择"新工作表"选项，单击"确定"按钮。

（3）在新生成的数据透视表的右侧，选择"数据透视表字段列表"下方的字段"地区、食品、衣着、居住"，如图 4 - 129 所示，对应工作表的左侧将显示新的数据透视表，默认行标签为"地区"，数值汇总项为求和，如图 4 - 130 所示。

A3	▼	f_x	行标签	
	A	B	C	D
1				
2				
3	行标签 ▼	求和项:食品	求和项:衣着	求和项:居住
4	东北地区	4024.890893	1378.41	1231.010984
5	东部地区	5173.230021	1349.14	1433.64
6	西部地区	4110.950848	1235.79	988.9825161
7	中部地区	3773.722395	1170.09	1077.952937
8	总计	17082.79416	5133.43	4731.586438

图 4 - 129　数据透视表字段列表　　　　图 4 - 130　新生成的数据透视表

（4）双击新数据透视表的工作表标签，重新命名为"食品、衣着、居住数据透视表"，单击"文件"菜单下的"另存为"对话框，选择保存位置为自己的学号文件夹，文件名和文件类型保持不变，单击"保存"按钮完成保存工作。

◆ 知识点剖析

1. 创建并应用数据透视表

数据透视表是一种大量数据快速汇总和创建交叉列表的交互式表格，可以转换行和列来查看源数据的不同汇总结果，还可以显示感兴趣区域的明细数据。数据透视表是一种动态工作表,它提供了一种以不同角度观看数据的简便方法。

(1) 创建数据透视表

用户可以对已有的数据进行交叉制表和汇总,然后重新发布并计算出结果。创建数据透视表的具体步骤如下:

① 选择数据区域中的任意一个单元格,单击"插入"菜单下的"表"选项组的"数据透视表"按钮,在弹出的菜单中选择"数据透视表"命令。

② 打开"创建数据透视表"对话框,选中"选择一个表或区域"按钮,在"表/区域"文本框中自动识别数据区域,用户也可以修改区域。在"选择放置数据透视表的位置"选项组中选择"新工作表"按钮,单击"确定"按钮,如图 4-128 所示。

③ 从"选择要添加到报表的字段"列表框中,将需要添加的字段选中,或者直接拖到"报表筛选"框中,如图 4-129 所示。

④ 用户可以单击标签右侧的向下箭头,选择具体的分类项目。

(2) 添加和删除数据透视表字段

创建数据透视表后,若发现数据透视表布局不合理,可以根据需要对数据透视表中的字段进行添加和删除。单击"数据透视表字段列表"下方的"选择要添加到报表的字段"进行修改等。

(3) 改变数据透视表中数据的汇总方式

用户可以单击"数值"列表下方的汇总项,在下拉菜单中选择"值字段设置"命令,弹出如图 4-131 所示的对话框。用户根据需要选择汇总项后,单击"确定"按钮完成汇总项修改。

图 4-131 "值字段设置"对话框

(4) 查看数据透视表中的明细数据

在 Excel 中,用户可以显示或隐藏数据透视表中字段的明细数据。具体操作如下:

① 在数据透视表中,通过单击➕或➖按钮,可以展开或折叠数据透视表中的数据,如图 4-132 所示。

② 右击行标签中的字段,在弹出的快捷菜单中选择"展开/折叠"命令,在其子菜单中可选择如何查看明细数据。

③ 右击数据透视表的值字段中的数据,也就是数值区域的单元格,在弹出的快捷菜单中选择"显示详细信息"命令,将在新的工作表中单独显示该单元格所属的一整行明细数据,如图 4-133 所示。

	A	B	C	D
1				
2				
3	行标签 ▼	求和项:食品	求和项:衣着	求和项:居住
4	⊟东北地区	4024.890893	1378.41	1231.010984
5	一月	580	223.41	108.5294118
6	二月	229.8487097	57	178.2618696
7	三月	981.1320755	260	181.1320755
8	四月	127.68	216	113.33696
9	五月	710.9894737	185	80.39215686
10	六月	480	120	181.1320755
11	七月	227.6785714	151	80.76923077
12	八月	79.16666667	19	100.3827751
13	九月	228.8135593	54	181.8135593
14	十月	379.5818367	93	78.26086957
15	⊞东部地区	5173.230021	1349.14	1433.64
16	⊞西部地区	4110.950848	1235.79	988.9825161
17	⊞中部地区	3773.722395	1170.09	1077.952937
18	总计	17082.79416	5133.43	4731.586438

图 4－132　显示或隐藏数据透视表

	A	B	C	D	E	F	G
1	地区 ▼	月份 ▼	食品 ▼	衣着 ▼	居住 ▼		
2	东部地区	一月	380	95	280		
3	东部地区	二月	380.9524	100	127.6786		
4	东部地区	三月	800	200	79.16667		
5	东部地区	四月	350	58	128.8136		
6	东部地区	五月	380	156.14	179.5918		
7	东部地区	六月	889.7778	220	80		
8	东部地区	七月	620	46	129.8387		
9	东部地区	八月	218	144	281.1321		
10	东部地区	九月	623.0688	184	76.19048		
11	东部地区	十月	531.4311	146	71.22811		

｜◀ ▶ ▶｜ 调查 ╱ 统计 ╲ Sheet7 ╱ 食品、衣着、居住数据透视表 ╱ 基础调查数据 ╱

图 4－133　查看值字段中数据的详细信息

同步练习

调入考生文件夹中的"图表.xlsx",参考样张,如图 4－134(a～f)所示。按照下列要求操作:

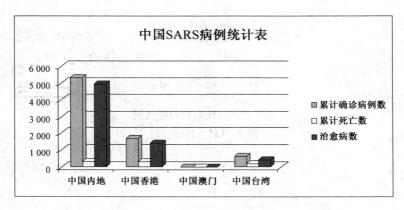

（a）SARS病例统计

图 4－134　样张

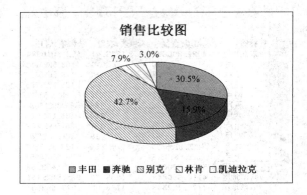

（b）进口汽车销售表

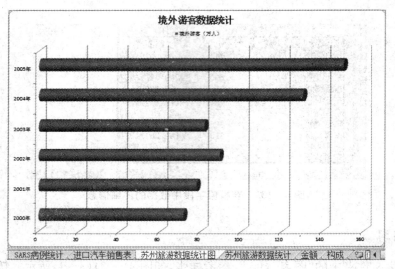

（c）苏州旅游数据统计图

	G6	fx	=金额!G6/金额!$G$7			
	A	B	C	D	E	F	G
1	外债余额构成(%)						
2	债务类型	2004年	2005年	2006年	2007年	2008年	2009年
3	外国政府贷款	12%	9%	8%	8%	8%	8%
4	国际金融组织贷款	10%	9%	8%	7%	7%	8%
5	国际商业贷款	47%	46%	48%	47%	52%	46%
6	贸易信贷	31%	36%	35%	38%	33%	38%

（d）计算外债余额构成比例

图 4 - 134　样张(续)

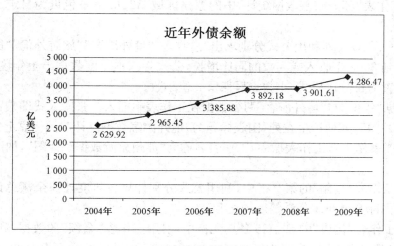

（e）近年外债余额

（f）1～3 月粮食消费数据透视表

图 4 - 134　样张（续）

（1）在"SARS 病例统计表"工作表中，将标题"世界各地 SARS 病例统计表"设置为 16 号字、隶书、A1：F1 跨列居中。

（2）在工作表"SARS 病例统计表"的单元格区域 B35：D35 中，分别计算确诊病例总数、死亡病例总数和治愈病例总数。

（3）根据 A2：D2 及 A6：D9 的数据生成一张"三维簇状柱形图"，并嵌入"SARS 病例统计表"工作表中，要求系列产生于列，图表标题为"中国 SARS 病例统计表"，并置于图表上方。

（4）设置图例的字号为宋体 9 号，将图表置于 G2：M14，如图 4 - 134（a）所示。

（5）在工作表"进口汽车销售表"的 B8 单元格使用公式计算合计。

（6）在 C 列计算各品牌汽车的销售数量占总销售量的比例，分母必须采用绝对地址，比例采用百分比样式，保留 2 位小数。

（7）根据表中的"品牌"和"比例"两列数据（不含合计）生成一张"三维饼图"，并嵌入"进口汽车销售统计"工作表中，数据系列产生在列，图表标题为"销售比较图"，图例靠底部，数据标志为显示百分比，保留 1 位小数。

（8）设置图表标题的字体为华文新魏 22 号，将图表置于 A9：E22 区域，如图 4 - 134（b）所示。

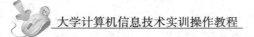

（9）将工作表"苏州旅游数据统计"中的数据区域 A2：I2 背景色设为自定义颜色{255，255，204}。

（10）在 C、E、G、I 列利用公式分别求出"总收入""境外游客""旅游外汇""国内游客"四项目 2001 年到 2005 年收入或人数的同比增长，公式为：（本年度数据－上年度数据）/上年度数据，并设置为百分比样式，小数点后保留 2 位小数。

（11）根据"年份"与"境外游客"两列数据在工作表中插入一张嵌入式图表：图表类型为"簇状水平圆柱图"，系列产生在列，图表标题为"境外游客数据统计"，图例靠上。

（12）将图表作为新工作表插入，工作表名称为"苏州旅游数据统计图"，如图 4－134（c）所示。

（13）在工作表"金额"的第 7 行中，利用公式分别计算各年度外债余额总计（总计为外国政府贷款、国际金融组织贷款等 4 项之和）。

（14）在工作表"构成"的 B3：G6 各单元格中，引用工作表"金额"的数据，利用公式分别计算各年度各债务类型占当年外债余额总计的比例，结果以整数百分比格式显示，如图 4－134（d）所示。

（15）参考样张，根据工作表"金额"中数据，生成一张反映 2004 年至 2009 年外债余额总计的"带数据标记的折线图"，嵌入当前工作表中，图表标题为"近年外债余额"，数值（Y）轴竖排标题为"亿美元"，无图例，数据标志显示值，如图 4－134（e）所示。

（16）根据"人均消费"工作表中的 A3：K33 单元格区域的数据制作 1～3 月份粮食消费数据透视表，将"地区"添加到行标签，"月份"添加到列标签，"粮食"添加到值。

（17）将新生成的数据透视表更名为"1～3 月粮食消费数据透视表"，如图 4－134（f）所示。

（18）将编辑好的工作簿以原文件原类型保存至自己的"学号文件夹"。

案例三　员工业绩考核统计表

案例情境

奥斯卡公司为了进行员工绩效考核，要求人事部门对员工的数据进行整理，需要统计出第一季度的销售冠军，并按部门汇总出销售业绩等数据。

案例素材

4.3　"奥斯卡"员工第一季度业绩考核表. xlsx

任务 1　计算各部门季度销售冠军

奥斯卡公司的人事部门统计了第一季度的销售数据表，需要通过销售数据表突出显示业绩好的员工数据，以便奖励并鼓励他们继续创新，并且统计出每个部门的销售冠军。

1. 将"员工业绩考核表"工作表中"达成业绩"大于或等于 40 000 000 的显示为红色,低于 20 000 000 显示为绿色。

◆ **操作步骤**

(1) 选择"员工业绩考核表"中的 E3:E18 单元格区域,单击"开始"菜单"样式"选项组中的"条件格式"选项,在下拉列表中选择"管理规则"命令,弹出"条件格式规则管理器"对话框。

(2) 在"条件格式规则管理器"对话框中选择"新建规则"按钮,弹出"新建格式规则"对话框,在"选择规则类型"下方选择"只为包含以下内容的单元格设置格式",在"编辑规则说明"下方选择"单元格值""大于或等于""40 000 000",单击"格式"按钮,在弹出的"设置单元格格式"对话框中设置字体颜色为绿色,单击"确定"按钮返回到"新建格式规则"对话框,如图 4 - 135 所示。

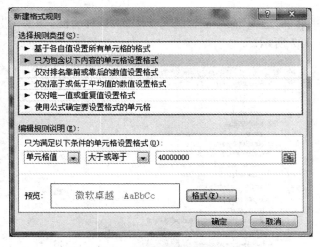

图 4 - 135　"新建格式规则"对话框

(3) 单击"确定"按钮返回到"条件格式规则管理器"对话框,重复步骤(2),条件设置为"单元格值""小于""20 000 000",颜色设置为绿色,如图 4 - 136 所示。

图 4 - 136　"条件格式规则管理器"对话框

(4) 单击"确定"按钮完成条件格式设置。

◆ 知识点剖析

所谓条件格式,就是可以根据单元格内容有选择地自动应用格式,它为 Excel 增色不少的同时,还为我们带来很多方便。例如,单元格底纹或字体颜色等,如果想为某些符合条件的单元格应用某种特殊格式,使用条件格式功能可以比较容易实现。

条件格式功能将显示出部分数据,并且这种格式是动态的,如果改变其中的数值,格式会自动调整。

首先选择要设置条件格式的数据区域,然后单击"开始"菜单"样式"选项组中的"条件格式"旁边的箭头,单击"管理规则"选项,弹出"条件格式规则管理器"对话框,用户根据自己的需求选择规则类型和格式设置即可。

2. 通过对"部门名称"和"达成业绩"排序,计算出各部门的达成业绩冠军,并且要求部门按"业务一科、业务二科、业务三科、业务四科"序列显示。

◆ 操作步骤

(1) 单击"文件"菜单"选项"命令,弹出"Excel 选项"对话框,切换至"高级"选项右侧"常规"选项组,如图 4 - 137 所示。

图 4 - 137 "Excel 选项"对话框

(2) 单击"编辑自定义列表"按钮,弹出"自定义序列"对话框,在"输入序列"下方依次输入"业务一科,业务二科,业务三科,业务四科",单击"添加"按钮,将新的序列添加至"自定义序列",如图 4 - 138 所示。

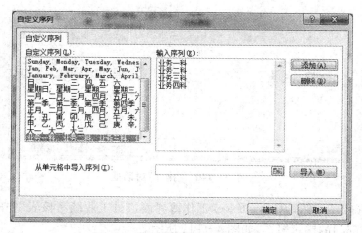

图 4 - 138　"自定义序列"对话框

（3）单击"确定"按钮，完成序列的导入。

（4）将光标置于数据区的任意一个单元格，单击"数据"菜单下的"排序和筛选"选项组之"排序"按钮，弹出"排序"对话框。单击"排序"对话框中"主要关键字"右侧的文本框右侧向下的箭头，在下拉列表中选择"业务部门"，排序依据为"数值"，单击"次序"下方文本框右侧向下的箭头，在下拉列表中选择"自定义序列"，弹出"自定义序列"对话框，在"自定义序列"下方选择"业务一科、业务二科、业务三科、业务四科"序列，如图 4 - 139 所示。

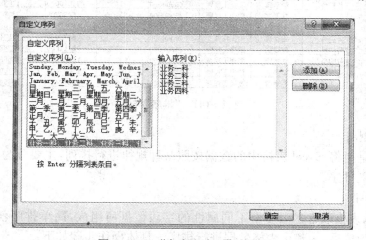

图 4 - 139　"自定义序列"对话框

（5）单击"确定"按钮，返回至"排序"对话框。单击"添加条件"按钮，在"次要关键字"右侧文本框右侧的向下箭头，在列表中选择"达成业绩"，排序依据为"数值"，次序选择"降序"，如图 4 - 140 所示。

图 4-140 "排序"对话框

（6）单击"确定"按钮，返回至 Excel 工作簿界面，"员工业绩考核表"中的数据经过排序后，显示出每个部门的销售冠军，如图 4-141 所示。

"奥斯卡"员工第一季度业绩考核表						
部门名称	业务员姓名	职称	业绩目标	达成业绩	毛利	年薪
业务一科	林凤春	助理工程师	35000000	48845000	19538000	391535
业务一科	王玉治	高级工程师	45000000	28966000	11586400	401898
业务一科	吴美成	高级工程师	45000000	22676000	9070400	383028
业务一科	陈晓兰	高级工程师	45000000	13338000	5335200	355014
业务二科	庄国雄	工程师	40000000	46982000	18792800	420946
业务二科	向大鹏	助理工程师	35000000	33639000	13455600	345917
业务二科	陈雅贤	高级工程师	45000000	29388000	11755200	403164
业务二科	吴国信	高级工程师	45000000	17454000	6981600	367362
业务三科	张志辉	高级工程师	45000000	53775000	21510000	476325
业务三科	林玉堂	助理工程师	35000000	45090500	18036200	380272
业务三科	朱金仑	工程师	40000000	37297000	14918800	391891
业务三科	谢颖青	工程师	40000000	17180000	6872000	331540
业务四科	郭曜明	助理工程师	35000000	59279000	23711600	422837
业务四科	林鹏翔	助理工程师	35000000	46955000	18782000	385865
业务四科	李进禄	助理工程师	35000000	44000000	17600000	377000
业务四科	毛渝南	高级工程师	45000000	27181000	10872400	396543

图 4-141 "排序"样张

◆ 知识点剖析

数据排序是指将 Excel 表格中的数据按照某种规律进行排列，主要分为简单排序、多条件排序和自定义排序。

1. 简单排序

Excel 数据表格通常是由多个不同属性的字段数据所组成，简单排序就是指按某一属性字段的序列为依据，为整个表格数据进行排序。具体操作步骤如下：

（1）单击排序的属性字段；

（2）单击"数据"菜单下的"排序和筛选"选项组，单击"升序 ↓"按钮或"降序 ↓"按钮，即可完成排序，如图 4-142 所示。

	A	B	C	D	E	F	G
1	恒大中学高二考试成绩表						
2	姓名	班级	语文	数学	英语	政治	总分
3	张江	高二（一）班	97	83	89	88	357
4	许如润	高二（一）班	87	83	90	88	348
5	高峰	高二（二）班	92	87	74	84	337
6	江海	高二（一）班	92	86	74	84	336
7	张玲玲	高二（三）班	89	67	92	87	335
8	王硕	高二（三）班	76	88	84	82	330
9	麦孜	高二（二）班	85	88	73	83	329
10	李朝	高二（三）班	76	85	84	83	328
11	刘小丽	高二（一）班	76	67	90	95	328
12	赵丽娟	高二（二）班	76	67	78	97	318
13	李平	高二（一）班	72	75	69	80	296
14	刘梅	高二（三）班	72	75	69	63	279

图 4 - 142　简单排序示例

2. 多条件排序

多条件排序是指对选定的数据区域按照两个以上的排序关键字按行或列进行排序的方法。按多个字段进行排序有助于快速直观地显示数据并更好地进行数据分析。具体操作如下：

（1）选定要进行排序的数据区域或区域中的任意一个单元格；

（2）单击"数据"菜单下的"排序和筛选"选项组之"排序"按钮，打开"排序"对话框；

（3）在"排序"对话框中，设置排序条件，如图 4 - 143 所示；

图 4 - 143　多条件排序的条件设置

（4）单击"排序"对话框中的"确定"按钮，完成排序，排序结果如图 4 - 144 所示。

	A	B	C	D	E	F	G
1	恒大中学高二考试成绩表						
2	姓名	班级	语文	数学	英语	政治	总分
3	张江	高二（一）班	97	83	89	88	357
4	许如润	高二（一）班	87	83	90	88	348
5	高峰	高二（二）班	92	87	74	84	337
6	江海	高二（一）班	92	86	74	84	336
7	张玲玲	高二（三）班	89	67	92	87	335
8	王硕	高二（三）班	76	88	84	82	330
9	麦孜	高二（二）班	85	88	73	83	329
10	李朝	高二（三）班	76	85	84	83	328
11	刘小丽	高二（一）班	76	67	90	95	328
12	赵丽娟	高二（二）班	76	67	78	97	318
13	李平	高二（一）班	72	75	69	80	296
14	刘梅	高二（三）班	72	75	69	63	279

图 4 - 144　多条件排序样张

3. 自定义序列排序

自定义序列是指对选定的数据区域按用户定义的顺序进行排序,首先要求用户在系统中添加自定义序列,然后排序字段按照自定义序列进行排序即可。具体操作步骤如下:

(1) 单击"文件"菜单"选项"命令,在"Excel 选项"对话框中选择"高级"选项,如图4 - 137 所示。

(2) 单击对话框右侧"常规"选项组下的"编辑自定义列表"按钮,弹出"自定义序列"对话框。

(3) 用户可以选择系统设置的自定义序列,也可以在"输入序列"下方的列表中输入新的序列,还可以导入 Excel 中的已有序列,如图4 - 138 所示,单击"确定"按钮,完成序列的导入。

(4) 返回到工作表界面,选择需要排列的字段,单击"数据"菜单下的"排序和筛选"选项组之"排序"按钮,打开"排序"对话框,用户可以根据排序要求设置排序字段。若要按自定义序列排序,需要在次序下方的列表中选择"自定义序列"进行排序,如图4 - 139 和 4 - 140所示。

任务2　统计各部门的销售总额

公司为了奖励各个优秀部门,要求统计出各部门的销售总额,根据销售总业绩进行奖励。

复制"员工业绩考核表"至新的工作表,并更名为"员工业绩汇总表",在"员工业绩汇总表"中按部门名称统计出"业绩目标""达成业绩""毛利"和"年薪"的总和,并折叠选项显示汇总项。

◆ **操作步骤**

(1) 右击"员工业绩考核表"工作表标签,在快捷菜单中选择"移动或复制"命令。

(2) 在弹出的"移动或复制工作表"对话框中选择当前工作簿,选择"移至最后",并选中"建立副本"前的复选框,如图4 - 145 所示。

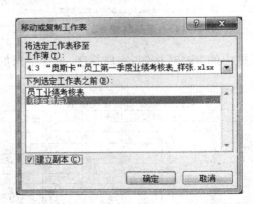

图4 - 145　"移动或复制工作表"对话框

(3) 双击"员工业绩考核表(2)"工作表标签,直接输入新的名称为"员工业绩汇总表",按【Enter】键确认输入。

(4) 观察"员工业绩汇总表"的数据区,若数据区没有按照"部门名称"排序,请在汇总数据前先按照汇总字段"部门名称"排序。

（5）单击"员工业绩汇总表"工作表数据区的任意一个单元格，单击"数据"菜单下的"分级显示"选项组之"分类汇总"按钮，弹出"分类汇总"对话框，在"分类字段"下的文本框中选择"部门名称"，"汇总方式"为"求和"，"选定汇总项"下方的列表中选择"业绩目标""达成业绩""毛利"和"年薪"四个复选框，其他设置默认，如图 4 - 146 所示。

图 4 - 146　"分类汇总"对话框

（6）单击"确定"按钮，完成数据的分类汇总。单击数据汇总列表中的折叠符号 ，折叠显示汇总项，适当调整 A 列的列宽，以便显示出单元格内的数据，如图 4 - 147 所示。

1 2 3		A	B	C	D	E	F	G
	1			"奥斯卡"员工第一季度业绩考核表				
	2	部门名称	业务员姓名	职称	业绩目标	达成业绩	毛利	年薪
+	7	业务一科 汇总			170000000	113825000	45530000	1531475
+	12	业务二科 汇总			165000000	127463000	50985200	1537389
+	17	业务三科 汇总			160000000	153342500	61337000	1580028
+	22	业务四科 汇总			150000000	177415000	70966000	1582245
−	23	总计			645000000	572045500	228818200	6231137

图 4 - 147　分类汇总后的数据表样张

◆ **知识点剖析**

Excel 可自动计算数据清单中的分类汇总和总计值。当插入自动分类汇总时，Excel 将分级显示数据清单，以便为每个分类汇总显示和隐藏明细数据行。

若要插入分类汇总，请先将数据清单按分类汇总字段进行排序，以便将要进行分类汇总的行组合到一起，然后为包含数字的列计算分类汇总。如果数据不是以数据清单的形式来组织，或者只需单个的汇总，则可使用自动求和，而不是使用分类汇总。

分类汇总的计算方法有分类汇总、总计和自动重新计算：

- 分类汇总：Excel 使用汇总函数进行分类汇总计算，如 SUM、AVERAGE、COUNT 等函数，在一个数据清单中可以一次使用多种计算来显示分类汇总。
- 总计：总计值来自于明细数据，而不是分类汇总行中的数据。
- 自动重新计算：在编辑明细数据时，Excel 将自动重新计算相应的分类汇总和总计值。

当用户将分类汇总添加到数据清单中时,清单就会分级显示,这样可以查看其结构。通过单击分级显示符号可以隐藏明细数据而只显示汇总的数据,这样就形成了汇总报表。

1. 创建分类汇总

在 Excel 2010 中,用户可以在数据清单中自动计算分类汇总及总计值,用户只需指定需要进行分类汇总的数据项、待汇总的数值和用于计算的函数即可。如果使用自动分类汇总,工作表必须组织成具有列标志的数据清单。在创建分类汇总之前,用户必须先根据需要进行分类汇总的数据列对数据清单进行排序。具体操作步骤如下:

(1)首先单击需要分类汇总的字段,选择"数据"菜单,在"排序和筛选"选项组中选择"升序"或"降序"按钮进行排序。

(2)单击数据区域中任意一个单元格,选择"数据"菜单,在"分级显示"选项组中单击"分类汇总"按钮,打开"分类汇总"对话框,在"分类字段"下拉列表中选择需要分类的字段,在"汇总方式"下方选择汇总项(求和、求平均等),在"选定汇总项"列表框中选择需要汇总的字段,分别选中"替换当前分类汇总"与"汇总结果显示在数据下方"复选框,如图 4-148 所示。

图 4-148 "分类汇总"对话框

(3)单击"确定"按钮,完成分类汇总设置,如图 4-149 所示。

1 2 3		A	B	C	D	E	F	G
	1	恒大中学高二考试成绩表						
	2	班级	姓名	语文	数学	英语	政治	总分
	3	高二(二)班	高峰	92	87	74	84	337
	4	高二(二)班	麦孜	85	88	73	83	329
	5	高二(二)班	赵丽娟	76	67	78	97	318
	6	高二(二)班 汇总		253	242	225	264	984
	7	高二(三)班	张玲铃	89	67	92	87	335
	8	高二(三)班	王硕	76	88	84	82	330
	9	高二(三)班	李朝	76	85	84	83	328
	10	高二(三)班	刘小丽	76	67	90	95	328
	11	高二(三)班	刘梅	72	75	69	63	279
	12	高二(三)班 汇总		389	382	419	410	1600
	13	高二(一)班	张江	97	83	89	88	357
	14	高二(一)班	许如润	87	83	90	88	348
	15	高二(一)班	江海	92	86	74	84	336
	16	高二(一)班	李平	72	75	69	80	296
	17	高二(一)班 汇总		348	327	322	340	1337
	18	总计		990	951	966	1014	3921

图 4-149 分类汇总后的数据表样张

2. 多重分类汇总

在 Excel 2010 中,有时需要同时按照多个分类项对表格数据进行汇总计算,多重分类汇总需要遵循以下几个原则:

- 先按分类项的优先级别顺序对表格中相关的字段进行排序;
- 接着按分类项的优先级顺序多次执行"分类汇总"命令,并设置其汇总参数;
- 从第二次执行"分类汇总"命令开始,需要取消选中"分类汇总"对话框中的"替换当前分类汇总"复选框。

具体操作如下所示:

(1)单击数据区域中任意一个单元格,在"数据"菜单下单击"排序和筛选"选项组中的"排序"按钮,分别设置主要关键字和次要关键字的排序条件,如图 4 - 150 所示。

图 4 - 150　设置多关键字排序对话框

(2)单击"确定"按钮后,完成多条件排序。

(3)单击"数据"菜单下"分级显示"选项组中的"分类汇总"按钮,弹出"分类汇总"对话框,分别设置分类字段、汇总方式和选定汇总项,如图 4 - 151 所示。

图 4 - 151　第一次"分类汇总"对话框

(4)单击"确定"按钮,完成第一次分类汇总,如图 4 - 152 所示。

1 2 3		A	B	C	D	E	F	G
	1			汉语言文学专业成绩表				
	2	年级	姓名	性别	语言学纲要	文学概论	古代汉语	现代汉语
	3	大二	高新民	男	77	88	58	80
	4	大二	李大刚	男	82	58	66	69
	5	大二	陆源东	男	76	65	74	89
	6	大二	徐文斌	男	86	79	81	73
	7	大二	周昊	男	68	72	62	86
	8	大二	方茜茜	女	83	85	75	83
	9	大二	赵倩倩	女	92	80	84	82
	10	大二	高清芝	女	80	90	90	56
	11	大二	朱玲	女	64	73	78	56
	12	大二	刘懿玲	女	95	83	64	86
	13	大二	李娟	女	88	92	90	95
	14	大二 汇总			891	865	822	855
	15	大三	张彬	男	65	76	68	76
	16	大三	林海涛	男	85	66	91	64
	17	大三	赵大龙	男	80	77	63	77
	18	大三	王一平	男	92	90	95	82
	19	大三	姜亦农	男	77	54	79	86
	20	大三	陈珉	男	79	77	83	79
	21	大三	郭启浩	男	85	68	58	80
	22	大三	唐蔚君	女	86	66	76	77
	23	大三	刘玲	女	78	90	82	89
	24	大三	林嫒嫒	女	79	77	67	87

排序1 排序2 分类汇总 多重分类汇总 筛选 数据透视表

图4-152　第一次"分类汇总"样张

（5）再次单击"数据"菜单中的"分级显示"选项组之"分类汇总"按钮，弹出"分类汇总"对话框，依次设置分类字段、汇总方式和选定汇总项，同时取消选中"替换当前分类汇总"复选框，如图4-153所示。

图4-153　第二次"分类汇总"对话框

（6）单击"确定"按钮，完成第二次分类汇总设置，如图4-154所示。

1234		A	B	C	D	E	F	G
1				汉语言文学专业成绩表				
2		年级	姓名	性别	语言学纲要	文学概论	古代汉语	现代汉语
3		大二	高新民	男	77	88	58	80
4		大二	李大刚	男	82	58	66	69
5		大二	陆源东	男	76	65	74	89
6		大二	徐文斌	男	86	79	81	73
7		大二	周昊	男	68	72	62	86
8				男 汇总	389	362	341	397
9		大二	方茜茜	女	83	85	75	83
10		大二	赵倩倩	女	92	80	84	82
11		大二	高清芝	女	80	90	90	56
12		大二	朱玲	女	64	73	78	56
13		大二	刘懿玲	女	95	83	64	86
14		大二	李娟	女	88	92	90	95
15				女 汇总	502	503	481	458
16		大二 汇总			891	865	822	855
17		大三	张彬	男	65	76	68	76
18		大三	林海涛	男	85	66	91	64
19		大三	赵大龙	男	80	77	63	77
20		大三	王一平	男	92	90	95	82
21		大三	姜亦农	男	77	54	79	86
22		大三	陈珉	男	79	77	83	79
23		大三	郭启洁	男	85	68	58	80
24		大三	康萍君	男	86	66	76	77

排序1　排序2　分类汇总　多重分类汇总　筛选　数据透视表

图 4-154　第二次"分类汇总"样张

3. 隐藏分类汇总

为了方便查看数据,可以将分类汇总后暂时不需要的明细数据隐藏起来,直接查阅汇总数据,当需要查看隐藏数据时,再将其展开显示。具体的操作步骤如下:

(1) 选择需要隐藏数据的单元格,单击"数据"菜单中的"分级显示"选项组之"隐藏明细数据"按钮,即可隐藏部分数据,如图 4-155 所示。

1234		A	B	C	D	E	F	G
1				汉语言文学专业成绩表				
2		年级	姓名	性别	语言学纲要	文学概论	古代汉语	现代汉语
8				男 汇总	389	362	341	397
9		大二	方茜茜	女	83	85	75	83
10		大二	赵倩倩	女	92	80	84	82
11		大二	高清芝	女	80	90	90	56
12		大二	朱玲	女	64	73	78	56
13		大二	刘懿玲	女	95	83	64	86
14		大二	李娟	女	88	92	90	95
15				女 汇总	502	503	481	458
16		大二 汇总			891	865	822	855

图 4-155　隐藏大二年级男生明细数据

(2) 使用同样的方法,可以继续隐藏其他明细数据,全部隐藏后,如图 4-156 所示。

1234		A	B	C	D	E	F	G
1				汉语言文学专业成绩表				
2		年级	姓名	性别	语言学纲要	文学概论	古代汉语	现代汉语
8				男 汇总	389	362	341	397
15				女 汇总	502	503	481	458
16		大二 汇总			891	865	822	855
25				男 汇总	649	574	613	621
30				女 汇总	339	316	309	340
31		大三 汇总			988	890	922	961
32		总计			1879	1755	1744	1816

图 4-156　隐藏大二、大三年级明细数据

（3）选定数据区的单元格，单击"数据"菜单中的"分级显示"选项组之"显示明细数据"按钮，即可显示被隐藏的数据，如图 4－154 所示。

4. 删除分类汇总

当用户查看完分类汇总后，若不再需要分类汇总之后的数据，可以选择删除分类汇总，将工作表的数据进行还原。具体操作步骤如下：

（1）单击"数据"菜单下的"分级显示"选项组之"分类汇总"按钮。

（2）单击"分类汇总"对话框，单击"全部删除"按钮，如图 4－153 所示，即可删除表格中的分类汇总，并返回至工作表，工作表的数据又恢复至分类汇总之前的状态。

任务 3 筛选优秀员工

公司为了表扬先进的助理工程师，要求公示达成业绩在 45 000 000 以上的助理工程师的名单。

复制"员工业绩考核表"至新的工作表，并更名为"优秀助理工程师"，在"优秀助理工程师"工作表中筛选出达成业绩超过 45 000 000 的助理工程师的名单，最后将工作簿以原文件名原文件类型保存至自己的"学号文件夹"。

◆ **操作步骤**

（1）右击"员工业绩考核表"工作表标签，在快捷菜单中选择"移动或复制"命令。

（2）在弹出的"移动或复制工作表"对话框中选择当前工作簿，选择"移至最后"，并选中"建立副本"前的复选框，参考图 4－145。

（3）单击"优秀助理工程师"工作表中数据区任意一个单元格，选择"数据"菜单下的"排序和筛选"选项组之"筛选"按钮，数据区列标题的右侧均出现倒挂三角形。

（4）单击"职称"右侧倒挂三角形展开，在下拉列表中选择"助理工程师"，如图 4－157 所示。

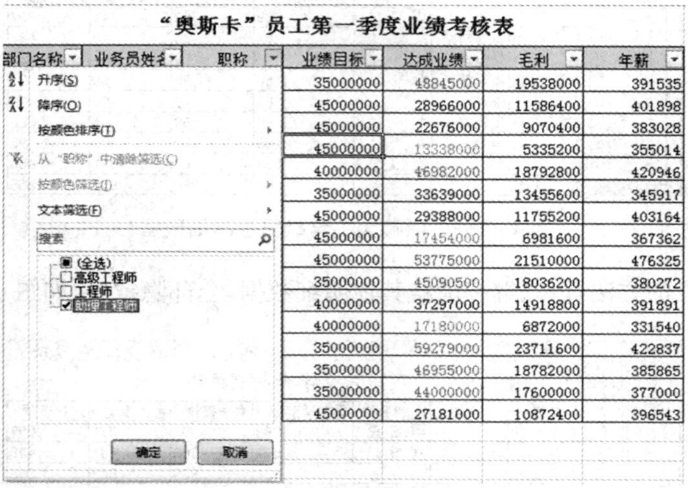

图 4－157 筛选字段的选择

（5）单击"确定"按钮，完成第一个条件的筛选，如图 4－158 所示。

	"奥斯卡"员工第一季度业绩考核表					
	部门名称	业务员姓名	职称	业绩目标	达成业绩	毛利	年薪
3	业务一科	林凤春	助理工程师	35000000	48845000	19538000	391535
8	业务二科	向大鹏	助理工程师	35000000	33639000	13455600	345917
12	业务三科	林玉堂	助理工程师	35000000	45090500	18036200	380272
15	业务四科	郭曜明	助理工程师	35000000	59279000	23711600	422837
16	业务四科	林鹏翔	助理工程师	35000000	46955000	18782000	385865
17	业务四科	李进禄	助理工程师	35000000	44000000	17600000	377000

图4-158 助理工程师的销售业绩表

（6）继续单击"达成业绩"右侧的倒挂三角形，在下拉列表中选择"数字筛选"右侧列表中的"大于或等于"，如图4-159所示。

图4-159 第二个筛选条件的选择

（7）在弹出的"自定义自动筛选方式"对话框中，选择"达成业绩"大于或等于"45 000 000"，如图4-160所示。

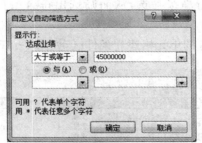

图4-160 "自定义自动筛选方式"对话框

（8）单击"确定"按钮，完成第二个筛选条件，如图4-161所示。

	A	B	C	D	E	F	G
	"奥斯卡"员工第一季度业绩考核表						
2	部门名称	业务员姓名	职称	业绩目标	达成业绩	毛利	年薪
3	业务一科	林凤春	助理工程师	35000000	48845000	19538000	391535
12	业务三科	林玉堂	助理工程师	35000000	45090500	18036200	380272
15	业务四科	郭曜明	助理工程师	35000000	59279000	23711600	422837
16	业务四科	林鹏翔	助理工程师	35000000	46955000	18782000	385865

图4-161 显示符号条件的筛选结果

（9）单击"文件"菜单下的"另存为"选项,在弹出的"另存为"对话框中更改文件的保存位置为自己的学号文件夹,文件名和文件类型均保持不变,单击"保存"按钮即可。

◆ 知识点剖析

数据筛选是指隐藏不需要显示的数据行,显示满足条件的数据行。使用数据筛选可以快速显示指定数据行的数据,从而更清晰地浏览有效数据。Excel 2010 提供了多种筛选数据的方法,包括自动筛选、高级筛选和自定义筛选。

1. 自动筛选

自动筛选是指按照单一条件进行的数据筛选,从而显示符合条件的数据行。具体操作步骤如下:

（1）单击数据区域的任意一个单元格,选择"数据"菜单下的"排序和筛选"选项组之"筛选"按钮,在表格中的每一个列标题右侧均显示一个倒挂的三角形。

（2）单击需要筛选字段右侧的倒挂三角形,在下拉菜单中,选择需要显示的字段值即可,如图 4-157 所示。

（3）单击"确定"按钮即可显示符合条件的数据,如图 4-158 所示。

2. 自定义筛选

在使用自动筛选时,对于某些特殊条件,用户可以使用自定义筛选对数据进行筛选。具体操作步骤如下:

（1）单击要筛选的数据列右侧的倒挂三角形,在下拉菜单中选择筛选条件,如"数字筛选"下的"大于或等于"选项,出现"自定义自动筛选方式"对话框。

（2）在弹出的"自定义自动筛选方式"对话框中,输入筛选条件,如图 4-160 所示。

（3）单击"确定"按钮,返回到筛选完成界面。

3. 高级筛选

高级筛选是指根据条件区域设置筛选条件而进行的筛选。使用高级筛选时需要先在编辑区建立筛选条件,才能进行高级筛选,从而筛选出符合条件的数据行。具体操作步骤如下:

（1）首先在数据区域之外的单元格建立条件区,如图 4-162 所示。

	A	B	C	D	E	F	G	H	I
1		**大学教师信息表**							
2	工号	姓名	性别	年龄	职称	婚姻状况		性别	职称
3	214001	王芳香	女	25	副教授	未婚		女	
4	214002	吴宝珠	女	32	副教授	未婚			副教授
5	214003	王绣莹	女	28	讲师	未婚			
6	214004	向大鹏	男	26	讲师	未婚			
7	214005	朱金仑	男	38	讲师	已婚			
8	214006	江正维	男	31	讲师	已婚			
9	214007	何信颖	男	45	教授	已婚			
10	214008	林倒君	女	36	副教授	未婚			
11	214009	林建兴	男	28	副教授	已婚			
12	214010	林玉玫	女	34	副教授	未婚			

图 4-162 建立条件区

（2）将光标置于筛选数据区域中任意一个单元格,单击"数据"菜单下的"排序和筛选"选项组之"高级"按钮,弹出"高级筛选"对话框。在对话框中可以设置数据筛选的"方式"为"在原有区域显示筛选结果"或"将筛选结果复制到其他位置",依次选择"列表区域""条件区域"和"复制到"等数据位置,如图 4 - 163 所示。

图 4 - 163　"高级筛选"对话框

（3）单击"确定"按钮,完成高级筛选,如图 4 - 164 所示。

图 4 - 164　高级筛选结果样张

同步练习

调入考生文件夹中的"数据分析与管理. xlsx",参考样张,如图 4 - 165（a～d）所示。按照下列要求操作:

（1）计算"条件格式"工作表中每位学生的总分和平均分,并设置各科成绩和平均分显示一定的格式,若各科成绩和平均分大于或等于 85 显示为红色,低于 60 显示为蓝色,如图 4 - 165（a）所示。

（2）复制"条件格式"工作表位于"自定义筛选"工作表之前,并重命名为"排序",要求按照"总分"字段降序排序,在"总分"相同的情况下,按照"语文"字段降序排序,在"语文"相同的情况下,按照"英语"字段降序排序,如图 4 - 165（a）所示。

（3）复制"自定义筛选"工作表位于"分类汇总"工作表之前,并重命名为"高级筛选",在"自定义筛选"工作表中筛选出男员工工龄超过 10 年的员工信息,如图 4 - 165（b）所示。

信息系二年级1班　期中考成绩表

座号	姓名	语文	英语	数学	史地	程序	会计	经济	总分	平均
1	方欣凰	67	44	100	80	100	93	71	555	79.3
2	王思涵	53	48	45	70	62	74	52	404	57.7
3	王昭燕	78	64	45	80	72	84	77	500	71.4
4	朱雅琴	80	82	90	86	84	97	90	609	87.0
5	何盈萱	79	54	90	78	78	91	83	553	79.0
6	余思娴	66	92	90	70	88	93	80	579	82.7
7	吴美秀	56	52	55	64	77	70	72	446	63.7
8	沈明慧	73	62	25	66	58	71	54	409	58.4
9	周佩如	69	68	70	72	71	88	65	503	71.9
10	周淑怡	79	58	80	82	68	83	78	528	75.4
11	林玉颖	64	70	55	76	84	94	78	521	74.4
12	林信男	63	72	65	64	59	76	66	485	69.3
13	林淑婷	61	60	40	52	83	70	83	449	64.1
14	林湘璇	75	78	85	84	90	95	76	583	83.3
15	林逸泠	86	62	80	68	70	84	62	512	73.1
16	邱姵绮	89	86	90	92	94	94	92	637	91.0
17	洪米琪	65	64	80	76	86	95	73	539	77.0
18	马佩馨	88	58	70	78	78	99	88	559	79.9
19	张如樱	77	62	70	82	63	85	72	511	73.0
20	张佩君	78	64	45	74	74	75	78	488	69.7
21	张淑菁	81	74	75	84	83	100	69	566	80.9
22	张惠萍	84	72	95	88	94	100	87	620	88.6

条件格式　排序　自定义筛选　分类汇总

（a）条件格式和排序

营销部门人员通讯簿

姓名	年龄	职务	电话	籍贯	性别	学历	工龄
任剑侠	45	职员	3579821	重庆	男	大学	12
孟志汉	51	职员	3652131	北京	男	大学	17
陈重谋	46	职员	3468452	四川	男	大学	14

（b）自定义筛选

营销部门人员通讯簿

姓名	年龄	职务	电话	籍贯	性别	学历	工龄		年龄	学历
缪可儿	24	职员	3516892	江苏	女	大学	1		<30	
风山水	35	职员	3452897	江苏	男	大学	7			研究生
令巧玲	24	经理	3685497	上海	女	研究生	3			
岳佩瑜	35	科长	3245169	北京	女	大专	3			
任剑侠	45	职员	3579821	重庆	男	大学	12			
陆伟荟	50	科长	3548269	四川	女	研究生	4			
赵灵燕	24	职员	3612897	上海	女	大专	2			
陈怡璇	19	职员	3635987	江苏	女	研究生	5			
苏巧丽	24	科长	3456789	北京	女	大学	2			
孟志汉	51	职员	3652131	北京	男	大学	17			
陈重谋	46	职员	3468452	四川	男	大学	14			
姓名	年龄	职务	电话	籍贯	性别	学历	工龄			
缪可儿	24	职员	3516892	江苏	女	大学	1			
令巧玲	24	经理	3685497	上海	女	研究生	3			
陆伟荟	50	科长	3548269	四川	女	研究生	4			
赵灵燕	24	职员	3612897	上海	女	大专	2			
陈怡璇	19	职员	3635987	江苏	女	研究生	5			
苏巧丽	24	科长	3456789	北京	女	大学	2			

（c）高级筛选

图 4－165　样张

1 2 3 4		A	B	C	D	E	F	G
	1			*公司业务销售统计表				
	2	部门名称	主管姓名	业务员姓名	业绩目标	达成业绩	毛利	年薪
	7	业务一科 平均值			42500000	28456250	11382500	471000
	8	业务一科 汇总			170000000	113825000	45530000	1884000
	13	业务二科 平均值			42500000	31865750	12746300	457920
	14	业务二科 汇总			170000000	127463000	50985200	1831680
	19	业务三科 平均值			41250000	38335625	15334250	354000
	20	业务三科 汇总			165000000	153342500	61337000	1416000
	25	业务四科 平均值			37500000	44353750	17741500	481500
	26	业务四科 汇总			150000000	177415000	70966000	1926000
	27	总计平均值			40937500	35752844	14301138	441105
	28	总计			655000000	572045500	228818200	7057680

（d）分类汇总

图 4-165　样张（续）

（4）在"高级筛选"工作表中筛选出年龄小于 30 岁或者学历为研究生的员工信息，并且将筛选出的数据自 A16 单元格开始存放，如图 4-165（c）所示。

（5）在"分类汇总"工作表中，按照"部门名称"汇总出"业绩目标""达成业绩""毛利"和"年薪"的总和及平均值，要求"部门名称"按"业务一科、业务二科、业务三科和业务四科"的顺序显示，并折叠明细数据项，如图 4-165（d）所示。

第5章
演示文稿制作软件 PowerPoint 2010

 学习目标

    PowerPoint 2010 是目前办公应用软件中最实用、功能最强大、设计最灵活的演示文稿制作软件,运用 PowerPoint 2010 不仅可以制作出优美、生动的幻灯片,而且可以使演示文稿具有专业水准的演示效果,从而可以帮助用户制作出适应不同需求的演示文稿。

    本章将向用户介绍演示文稿的创建、演示页面的设置、演示文稿的简单操作及保存和播放等功能,以及幻灯片的版式、母版与主题背景等基础知识与操作技巧,使用户轻松掌握幻灯片的基本方法和技巧,为今后制作具有专业水准的演示文稿打下坚实的基础。

 本章知识点

    1. 掌握演示文稿的基本操作:利用模板制作演示文稿;幻灯片插入、删除、复制、移动及编辑;插入文本框、图片、SmartArt 图形及其他对象。

    2. 掌握演示文稿的修饰方法:文字、段落、对象格式设置;幻灯片的主题、背景设置、母版应用。

    3. 掌握幻灯片的动画设置:幻灯片中对象的动画设置、幻灯片间切换效果设置。

    4. 掌握幻灯片中超链接的操作:超链接的插入、删除、编辑。

    5. 掌握演示文稿的放映方式设置和保存。

    6. 熟悉 PowerPoint 嵌入或链接其他应用程序对象的方法。

 重点与难点

    1. 版式、母版和主题的使用。

    2. 幻灯片切换和幻灯片动画的设置。

    3. 超链接的插入、删除、编辑。

    4. 演示文稿的放映方式设置。

案例一　介绍南京

案例情境

学生会张同学打算在迎新活动中,给新同学介绍一下南京。他需要利用 PowerPoint 2010 演示文稿软件制作一份可以播放相关图片的视频,以及用于演讲的 PPT。要求视频中播放一些南京在建筑、文化、饮食和人物等方面的代表性图片,并在 PPT 中对南京美食进一步介绍。将制作好的文件保存至指定的文件目录下。

案例素材

5.1　"南京简介"文件夹

任务 1　制作"南京印象"视频

1. 利用"古典型相册"模板快速制作关于南京的相册,根据下列操作步骤将案例素材中的图片插入到相册中,并添加适当的文字说明。

◆ 操作步骤

(1) 单击"开始"菜单中的"所有程序",打开菜单中的"Microsoft Office",在其下级菜单中单击"Microsoft PowerPoint 2010",启动 PowerPoint 2010,如图 5-1 所示。

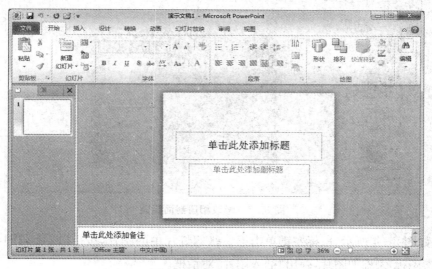

图 5-1　启动 PowerPoint

(2) 在功能区,单击"文件"选项卡,在下拉菜单中单击"新建"选项,在"可用的模板和主题"区单击"样本模板"选项,弹出如图 5-2 所示的对话框。在对话框中选择"古典型相册",单击右侧"创建"按钮。

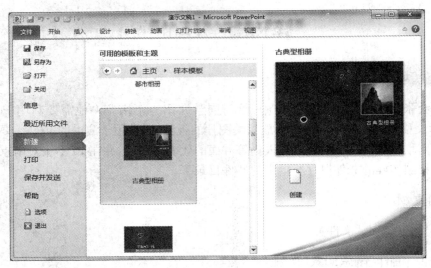

图5-2 创建相册

（3）如图5-3所示，将第一张幻灯片的标题"古典型相册"修改为"南京印象"。

图5-3 修改相册封面标题

（4）如图5-4所示，鼠标左键单击第一张幻灯片中的图片，按下【Delete】键，删除原有图片，单击图标添加图片，弹出"插入图片"对话框。

（5）如图5-5所示，在"插入图片"对话框中，打开案例素材中的任务一文件夹，选择图片"辟邪.jpg"，单击"插入"按钮，完成对第一张幻灯片的编辑，效果如图5-6所示。

图 5 - 4　删除原有图片

图 5 - 5　"插入图片"对话框

图 5 - 6　相册封面效果

（6）参考图 5-7 所示效果，在第 2 张幻灯片中，将图片更改为"中山陵.jpg"，修改占位符中的文字说明为"中山陵是中国伟大的近代民主革命先行者孙中山先生的陵墓，及其附属纪念建筑群，是国家重点风景名胜区和国家 AAAAA 级旅游景区"。

图 5-7　第 2 张幻灯片效果

（7）参考图 5-8 所示效果，在第 3 张幻灯片中，将图片依次更改为"秦淮八绝.jpg"、"南京咸水鸭.jpg"、"小笼包.jpg"，将文字"选择版式"更改为"南京美食"，删除其余文字。

图 5-8　第 3 张幻灯片效果

（8）参考图 5-9 所示效果，在第 4 张幻灯片中，将图片更改为"金陵画派.jpg"，修改占位符中的文字说明为"金陵画派，是明末清初活跃于南京地区的艺术流派，以龚贤为首。据画史载，一般公认者有龚贤、樊圻、蔡泽、高岑、邹喆、吴宏、叶欣、谢荪、胡慥、陈卓等人，多以江南山水为表现内容,其作大多雄伟而秀丽,很具江南山水特色。金陵画派中的个人画风相距甚远"。

图 5-9　第 4 张幻灯片效果

(9) 参考图 5-10 所示效果,在第 5 张幻灯片中,删除原有的三张图片,依次插入图片"灵谷寺.jpg"、"鸡鸣寺.jpg"、"大报恩寺.jpg",修改占位符中的文字说明为"佛教南京"。

图 5-10　第 5 张幻灯片效果

(10) 参考图 5-11 所示效果,在第 6 张幻灯片中,将图片依次更改为"王羲之.jpg"、"曹雪芹.jpg"、"祖冲之.jpg"。

图 5 - 11　第 6 张幻灯片效果

（11）参考图 5 - 12 所示效果，删除原有图片，单击图标，添加全页图片明孝陵.jpg。

图 5 - 12　第 7 张幻灯片效果

（12）按下【F5】键，放映幻灯片。

2. 插入有关南京大屠杀纪念馆图片的第 8 张幻灯片。

◆ **操作步骤**

（1）在"幻灯片/大纲"窗格中，光标定位在第 7 张幻灯片之后，单击功能区"开始"选项卡，单击"新建幻灯片"按钮的下拉箭头，选择"2 栏，正方形（带标题）"，插入一张该版式的幻灯片，如图 5 - 13 所示。

图 5-13　插入新幻灯片

（2）参考图 5-14 所示效果，在新幻灯片中，单击图标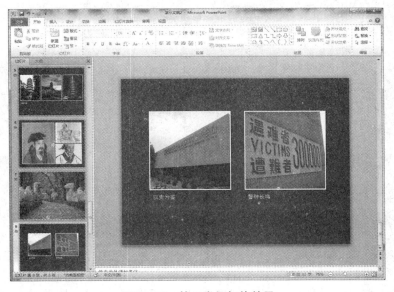添加图片"大屠杀纪念馆.jpg"和"遇难者.jpg"，并且分别添加标题"以史为鉴"和"警钟长鸣"。

图 5-14　第 8 张幻灯片效果

3. 为第 6 张幻灯片修改图片大小,更改图片,插入文本框。

◆ **操作步骤**

(1) 在第 6 张幻灯片中,右击图片"中山陵.jpg",在弹出的快捷菜单中,如图 5 - 15 所示,选择"大小和位置",弹出"设置图片格式"对话框。在对话框中改变图片的缩放比例为160%,如图 5 - 16 所示。

图 5 - 15 设置图片大小和位置

图 5 - 16 "设置图片格式"对话框

(2) 在第 6 张幻灯片中,右击图片"曹雪芹.jpg",在弹出的快捷菜单中,选择"更改图片",弹出"插入图片"对话框,在对话框中重新选择图片"曹雪芹.jpg"。右击图片"祖冲之.jpg",在弹出的快捷菜单中,选择"更改图片",弹出"插入图片"对话框,在对话框中重新选择图片"祖冲之.jpg"。适当调整三张图片的位置。

(3) 选定第 6 张幻灯片,在功能区选择"插入"选项卡,单击文本组的"文本框"按钮,在图片"王羲之.jpg"下方插入一个横排文本框,如图 5-17 所示,输入文字"人杰地灵",并设置字体为"华文楷体,60 号字",如图 5-18 所示。

图 5-17 插入文本框

图 5-18 第 6 张幻灯片效果 2

4. 移动、隐藏相关幻灯片。

◆ **操作步骤**

(1) 在"幻灯片/大纲"窗格中,用鼠标左键直接拖动第 7 张幻灯片到第 8 张幻灯片之后,实现移动第 7 张幻灯片的操作。

(2) 在"幻灯片/大纲"窗格中,鼠标右击第 7 张幻灯片,在弹出的快捷菜单中选择"隐藏幻灯片"命令,实现对该幻灯片的隐藏操作,如图 5-19 所示。

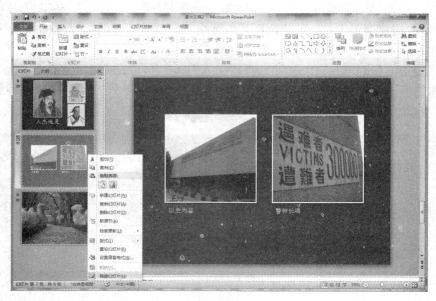

图 5‑19　隐藏幻灯片

5. 保存相册,并发送成视频。

◆ **操作步骤**

(1) 单击快速启动工具栏上的保存按钮 ，弹出"另存为"对话框,如图 5‑20 所示,将制作好的相册以文件名"南京印象.pptx"保存到学号文件夹中。

图 5‑20　保存演示文稿文件

(2) 在功能区中选择"文件"选项卡,如图 5‑21 所示,在下拉菜单中选择"保存并发送"功能,然后在"文件类型"区选择"创建视频",最后点击右侧的"创建视频"按钮,创建视频"南京印象.wmv"。

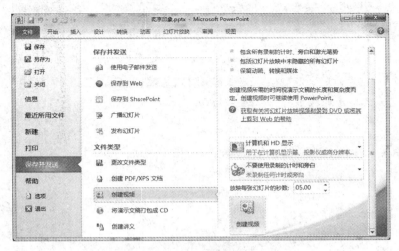

图 5 – 21　创建视频

任务 2　制作"南京美食简介"演示文稿

1. 利用"Food. txt"文件中的文字材料，新建"南京美食简介. pptx"文件。

◆ 操作步骤

（1）启动 PowerPoint 2010，在默认新建的"空白演示文稿 1"中，为第 1 张幻灯片添加标题"南京美食简介"，如图 5 – 22 所示。

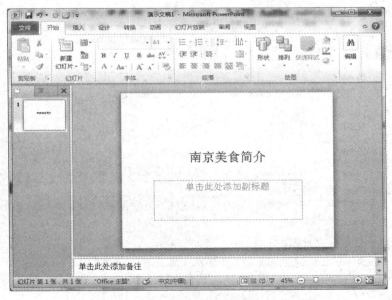

图 5 – 22　添加标题

（2）在"幻灯片/大纲"窗格中，单击标题幻灯片后，按 8 次【Enter】键插入 8 张新幻灯片。为第 2 张幻灯片添加标题"目录"，在标题下方的占位符中依次添加文本"鸭血粉丝汤""口味虾""南京盐水鸭""秦淮八绝""烤鸭包""六合猪头肉""活珠子"，如图 5 – 23 所示。

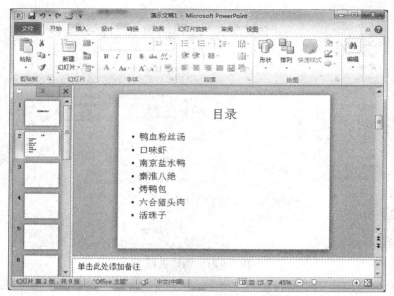

图 5 - 23　创建目录

（3）依次为剩余的第 3～9 张幻灯片添加标题和文本，标题和文本的内容均保存在 Food. txt 文件中。

（4）单击快速启动工具栏上的保存按钮 🔳，弹出"另存为"对话框，如图 5 - 24 所示，将制作好的演示文稿以文件名"南京美食简介. pptx"保存到学号文件夹中。

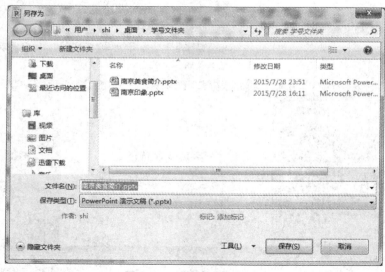

图 5 - 24　"另存为"对话框

2. 设置所有幻灯片的应用设计模板为"**Bamboo. potx**"，并利用幻灯片母版修改所有标题的格式为：隶书、**50** 号字、加粗、颜色为绿色。

◆ **操作步骤**

（1）在"设计"选项卡上的"主题"组中，单击"更多"按钮 ▼，展开"所有主题"列表，如图

5－25 所示；选择"浏览主题"，弹出"选择主题或主题文档"对话框，如图 5－26 所示，选择"任务二"文件夹下的"Bamboo.potx"模板，单击"应用"按钮。

图 5－25　"所有主题"列表

图 5－26　"选择主题或主题文档"对话框

（2）如图 5－27 所示，在"视图"选项卡上的"母版视图"组中，单击"幻灯片母版"按钮，进入幻灯片母版视图。

图 5 - 27 "视图"选项卡

（3）如图 5 - 28 所示，在幻灯片母版视图中，选择第一张幻灯片母版，并设置其标题占位符中文字"单击此处编辑母版标题样式"的字体为：隶书、50 号字、加粗、颜色为绿色。

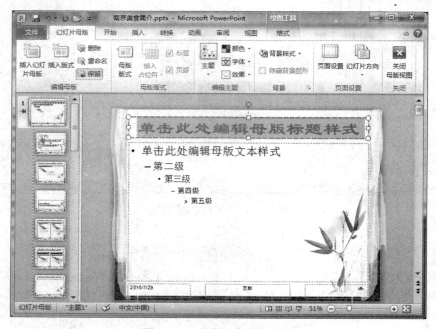

图 5 - 28 设置母版标题字体

（4）如图 5 - 29 所示，在"幻灯片母版"选项卡上的"关闭"组中，单击"关闭母版视图"按钮，返回普通视图。

图 5 - 29 关闭母版视图

3. 再次利用幻灯片母版，在除标题版式的幻灯片以外的所有幻灯片的右上角，插入艺术字"南京美食"，采用第四行第一列式样，设置其字体为：隶书、40 号字。

◆ 操作步骤

（1）再次进入幻灯片母版视图，选择"标题和内容版式"（有幻灯片 2～9 使用），如图 5 - 30 所示。

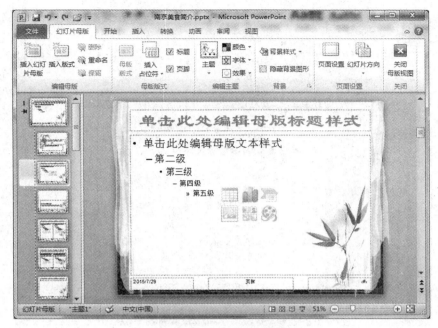

图 5 - 30　幻灯片母版视图

(2) 如图 5 - 31 所示,在"插入"选项卡上的"文本"组中,单击"艺术字"按钮,在弹出的艺术字样式列表中,选择第四行第一列的式样。

图 5 - 31　选择艺术字样式

(3) 在生成的文本框中输入文字"南京美食",并设置其字体为:隶书,40 号字,将制作好的艺术字移动到母版的右上角,如图 5 - 32 所示。关闭母版视图,返回普通视图。

图 5‑32　插入艺术字

4. 除标题幻灯片外,设置其余幻灯片显示幻灯片编号及自动更新的日期(样式为"××××年××月××日")。

◆ **操作步骤**

(1) 如图 5‑33 所示,在"插入"选项卡上的"文本"组中,单击"页眉和页脚"按钮,弹出"页眉和页脚"对话框。

图 5‑33　插入页眉和页脚

(2) 如图 5‑34 所示,在"页眉和页脚"对话框中,选中"日期和时间""幻灯片编号""标题幻灯片中不显示"三个选项,并将"自动更新"中的日期样式更改为"××××年××月××日",最后点击"全部应用"按钮。

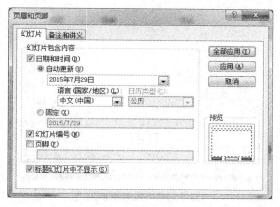

图 5 - 34　"页眉和页脚"对话框

5. 为第 2 张幻灯片（目录）中的文本创建超链接，分别指向同名标题的幻灯片（第 3~9 张），如"鸭血粉丝汤"链接到第 3 张幻灯片。

◆ **操作步骤**

（1）如图 5 - 35 所示，在第 2 张幻灯片中，选中文本"鸭血粉丝汤"；在"插入"选项卡上的"链接"组中，单击"超链接"按钮，弹出"插入超链接"对话框。

图 5 - 35　插入超链接

（2）如图 5 - 36 所示，在"插入超链接"对话框中，在"链接到"列表中单击"本文档中的位置"按钮；在"请选择文档中的位置"区域选择幻灯片标题为"3. 鸭血粉丝汤"，最后点击"确定"按钮。

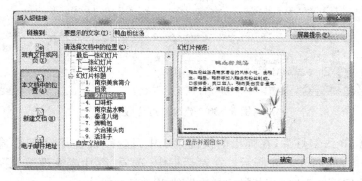

图 5 - 36　"插入超链接"对话框

（3）用上面相同的方法，为其他文本创建超链接，如图 5 - 37 所示。

图 5 - 37　插入新幻灯片

6. 在文档末尾增加一张"空白"版式幻灯片,设置填充纹理为"纸莎草纸",隐藏背景图像。插入 SmartArt 图形"蛇形图形块",并为图形块添加相关美食的图片和文字。

◆ 操作步骤

(1) 在"幻灯片/大纲"窗格中选择第 9 张幻灯片,按下【Enter】键,插入一张新幻灯片;如图 5 - 38 所示,右击第 10 张幻灯片,在弹出的快捷菜单中,将版式更改为"空白"。

图 5 - 38　更改幻灯片版式

(2) 右击第 10 张幻灯片,在弹出的快捷菜单中,选择"设置背景格式"命令,弹出"设置背景格式"对话框,如图 5 - 39 所示。在对话框中,选择"图片或纹理填充"和"隐藏背景图形"选项,并将纹理设置为"纸莎草纸",单击"关闭"按钮。

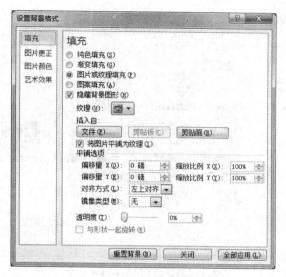

图 5－39　"设置背景格式"对话框

（3）在"插入"选项卡的"插图"组，单击"SmartArt"按钮，弹出"选择 SmartArt 图形"对话框，如图 5－40 所示。在对话框的"图片"类别中，选择"蛇形图片块"，单击"确定"按钮。

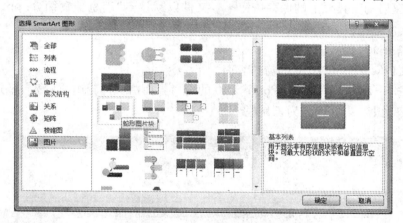

图 5－40　选择 SmartArt 图形

（4）如图 5－41 所示，在 SmartArt 图形左侧的"文本"窗格中，添加 7 种美食的名称，同时单击图标 添加同名图片。

图 5－41 编辑 SmartArt 图形

7. 保存演示文稿。

◆ **操作步骤**

单击快速启动工具栏上的保存按钮，文件以默认名"南京美食简介.pptx"保存到学号文件夹中。

◆ **知识点剖析**

1. 认识 PowerPoint 2010 的窗口界面

（1）如图 5－42 所示，PowerPoint 2010 的窗口界面由三部分组成，第 1 部分为功能区，第 2 部分为工作区，第 3 部分为工具栏。

图 5－42 PowerPoint 2010 的窗口界面

（2）功能区由快速启动栏和各种选项卡组成，如图5-43和5-44所示。

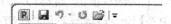

图5-43 快速启动栏

图5-44 选项卡

（3）工作区由三个窗格组成，分别是"幻灯片/大纲"窗格、"编辑"窗格和"备注"窗格，分别如图5-45～5-47所示。

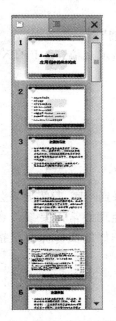

图5-45 "幻灯片/大纲"窗格

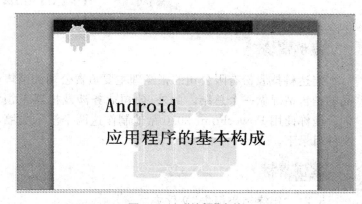

图5-46 "编辑"窗格

图5-47 "备注"窗格

（4）状态栏也有两个区域会经常使用，视图切换区和显示比例区，如图5-48所示。

图5-48 状态栏

2. 新建幻灯片的方法主要有三种：

（1）在"开始"选项卡的"幻灯片"组中，单击"新建幻灯片"按钮。

（2）在"幻灯片/大纲"窗格中按【Enter】键或者鼠标右击，在弹出的快捷菜单中选择"新建幻灯片"命令，可在当前幻灯片的后面新建一张相同版式的幻灯片。

（3）在普通视图和幻灯片浏览视图方式下，按【Ctrl＋M】组合键也可在当前幻灯片的后面新建一张相同版式的幻灯片。

同步练习

编辑"案例一"文件夹中的演示文稿文件"云锦.pptx"。

（1）所有幻灯片应用设计模板 Moban01.pot；

（2）将第 2 张幻灯片的版式更改为"标题和内容"，为文本文字创建超链接，分别指向具有相应标题的幻灯片；

（3）在最后一张幻灯片中插入图片 yj.jpg，设置图片高度为 8 厘米，宽度为 10 厘米，单击时图片自左侧飞入；

（4）在所有幻灯片中插入页脚和幻灯片编号，页脚为"南京云锦"；

（5）将制作好的演示文稿以文件名："南京云锦"，文件类型：演示文稿（＊.PPTX）保存在学号文件夹中。

案例二　年终销售报告

案例情境

宏达科技股份有限公司的张经理主要负责公司的销售业务，每到年底，都需要对公司产品的销售情况做一个总结。此外，公司业务涉及机器人领域，张经理经常需要参与客户培训。请你使用 PowerPoint 2010 帮他制作这两个演示文稿，将制作好的文件保存至指定的文件目录下。

案例素材

5.2　"年终销售报告"文件夹

任务 1　制作"年终销售报告.pptx"

1. 新建一个空白演示文稿，在其中插入标题，表格和图表等元素。

◆ 操作步骤

（1）启动 PowerPoint 2010，在默认新建的"空白演示文稿 1"中，为第 1 张幻灯片添加标题"年终销售报告"和副标题"宏达科技股份有限公司"；然后在"幻灯片/大纲"窗格中，按 5 次【Enter】键新建 5 张幻灯片，如图 5-49 所示。

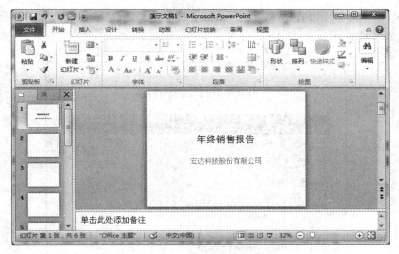

图 5-49 新建演示文稿

(2) 选择第 2 张幻灯片,添加标题"年终销售额情况";单击占位符中的"插入表格"按钮 ，在弹出的"插入表格"对话框中设置 5 行 5 列,如图 5-50 所示,单击"确定"按钮,在幻灯片上生成一个 5 行 5 列的表格。

图 5-50 "插入表格"对话框

(3) 如图 5-51 所示,将光标置于表格的第一个单元格中,在"表格工具"的"设计"选项卡中,单击"表格样式"组中的"边框"下拉箭头 ，在展开的菜单中选择"斜下框线"选项。

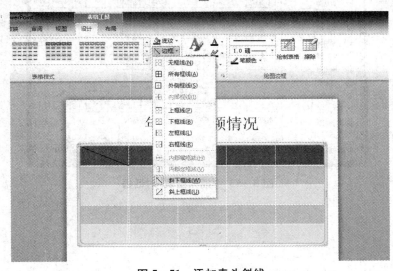

图 5-51 添加表头斜线

（4）如图 5 - 52 所示，在表格中添加文字和数据，并在表格下方插入一个"横排文本框"，输入相关备注文本。

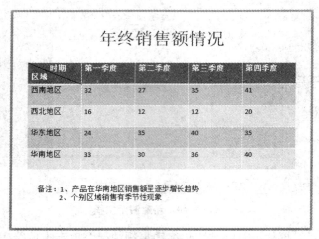

图 5 - 52　添加文字和数据

（5）选择第 3 张幻灯片，添加标题"年终销售额情况分析"；单击占位符中的"插入图表"按钮，在弹出的"插入图表"对话框中选择"簇状圆柱图"选项，如图 5 - 53 所示，单击"确定"按钮，在幻灯片中插入图表的同时打开相关联的 Excel 表格，在 Excel 表格中输入文字和数据，图表会相应地发生变化，如图 5 - 54 所示。

图 5 - 53　"插入图表"对话框

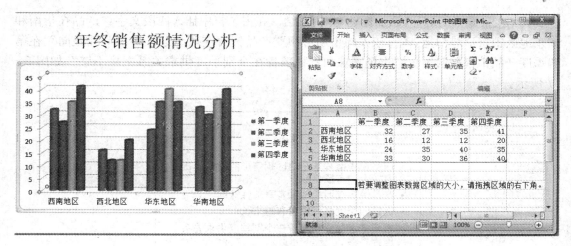

图 5‑54　添加文字和数据

（6）使用相同的方法，如图 5‑55 所示，在第 4 张幻灯片中，添加标题"产品销售区域分布"，插入一个"分离型三维饼图"，反应各个区域的销售分布情况。

图 5‑55　分离型三维饼图

（7）使用相同的方法，如图 5‑56 所示，在第 5 张幻灯片中，添加标题"产品销售市场供求关系"，插入一个"带数据标记的折线图"，反应各个区域的供求关系。

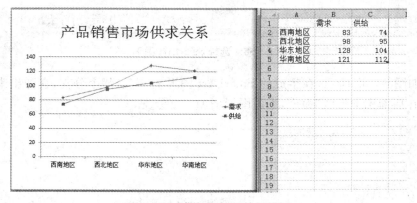

图 5‑56　带数据标记的折线图

(8) 在第 6 张幻灯片,添加标题"分析总结";在占位符中插入四段文字:"产品在华南和华东地区销售形势稳定,占有较大的市场份额""产品销售在西北地区有季节性倾向""在第四季度产品销售普遍增长""市场需求和货物准备在个别季度供求关系把握不够",如图 5 - 57 所示。

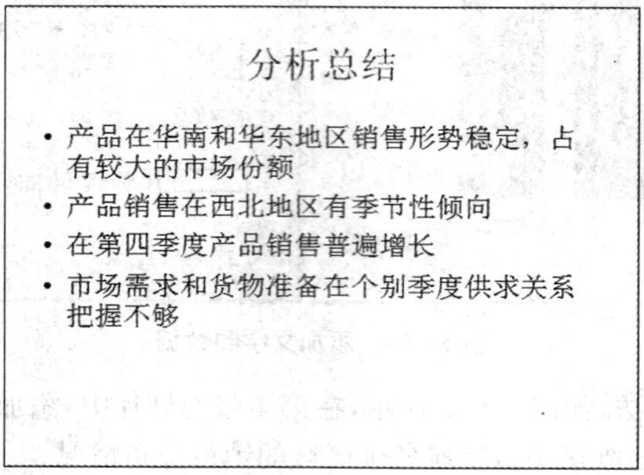

分析总结

- 产品在华南和华东地区销售形势稳定,占有较大的市场份额
- 产品销售在西北地区有季节性倾向
- 在第四季度产品销售普遍增长
- 市场需求和货物准备在个别季度供求关系把握不够

图 5 - 57 添加标题和文本

(9) 在第 7 张幻灯片,添加标题"明年销售目标";单击占位符中的"插入 SmartArt 图形"按钮 ,在弹出的"选择 SmartArt 图形"对话框中选择"交替流"选项,如图 5 - 58 所示,单击"确定"按钮。

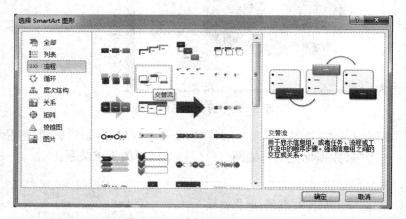

图 5 - 58 选择 SmartArt 图形

(10) 如图 5 - 59 所示,在生成的 SmartArt 图形上,右击某个分支,在弹出来的快捷菜单中选择"在后面添加形状"命令,为该图形增加一个分支。

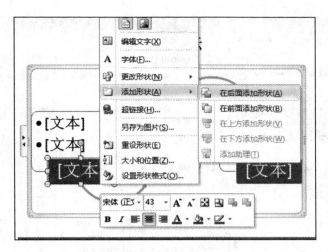

图 5 - 59　增加图形分支

（11）选择"SmartArt 工具"中的"设计"选项卡，单击"SmartArt 样式"组中的"更改颜色"按钮 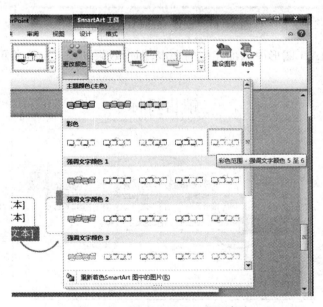，在弹出的下拉列表中选择"彩色范围-强调文字颜色 5 至 6"选项，如图 5 - 60 所示。

图 5 - 60　更改 SmartArt 图形颜色

（12）选择"SmartArt 工具"中的"设计"选项卡，单击"SmartArt 样式"组中的"其他"按钮 ，在弹出的下拉列表中选择"优雅"选项，如图 5 - 61 所示。

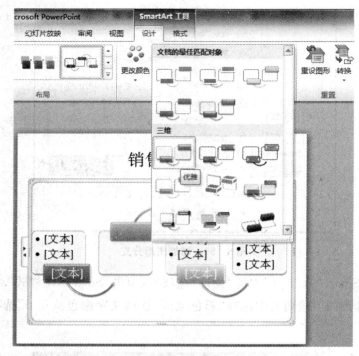

图 5 - 61 设置 SmartArt 图形样式

（13）在 SmartArt 图形中添加相应的文本，图形效果如图 5 - 62 所示。

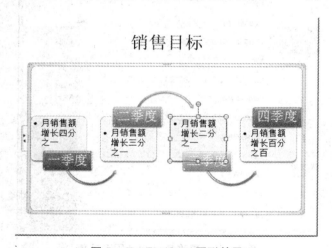

图 5 - 62 SmartArt 图形效果

（14）按下【F5】键，放映幻灯片。

2. 在主题、切换、动画方案等方面，对演示文稿做进一步优化。

◆ **操作步骤**

（1）选择"功能区"中的"设计"选项卡，单击"主题"组中的"其他"按钮 ，在弹出的下拉列表中选择"图钉"主题，如图 5 - 63 所示，这样演示文稿中的所有幻灯片都将应用选择的主题样式。

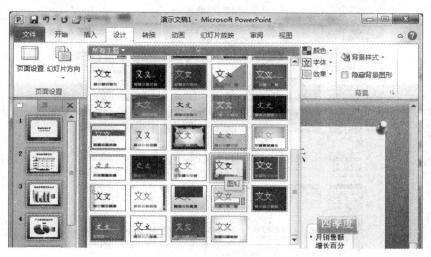

图 5-63　设置"图钉"主题

　　(2) 选择"功能区"中的"设计"选项卡，单击"主题"组中的"颜色"按钮(█ 颜色 ▾)，在弹出的下拉列表中选择"气流"选项，如图 5-64 所示。

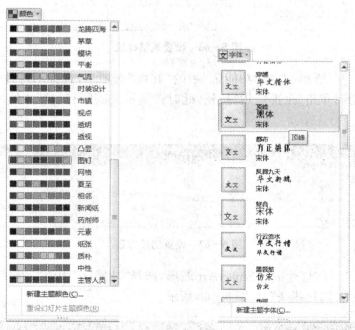

图 5-64　修改主题颜色　　　　　图 5-65　修改主题字体

　　(3) 选择"功能区"中的"设计"选项卡，单击"主题"组中的"字体"按钮(█ 字体 ▾)，在弹出的下拉列表中选择"顶峰"选项，如图 5-65 所示。

　　(4) 选择第 2 张幻灯片中的表格，在"表格工具"的"设计"选项卡中，单击"表格样式"组中的"其他"按钮 ▼，在弹出的下拉列表中选择"主题样式 2 - 强调 2"选项，如图 5 - 66 所示。

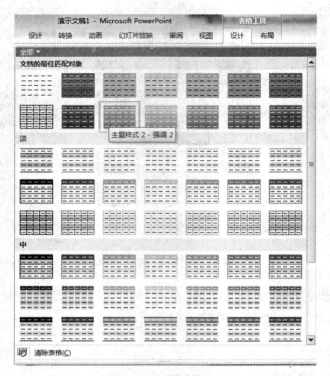

图 5 - 66　设置表格样式

（5）如图 5 - 67 所示，选择"功能区"中的"转换"选项卡，选择幻灯片切换效果为"擦除"，伴有"风铃"声，单击"全部应用"按钮，此时该演示文稿所有幻灯片的切换方案就设置好了。

图 5 - 67　设置切换方案

（6）选择第 7 张幻灯片中的 SmartArt 图形，选择"功能区"中的"动画"选项卡，设置该图形的动画效果为"随机线条"，如图 5 - 68 所示。

图 5 - 68　设置动画效果

3. 保存演示文稿,放映幻灯片的同时保留标记墨迹注释。

◆ **操作步骤**

(1) 单击快速启动工具栏上的保存按钮![保存],弹出"另存为"对话框,如图 5 - 69 所示,将制作好的演示文稿以文件名"年终销售报告. pptx"保存到学号文件夹中。

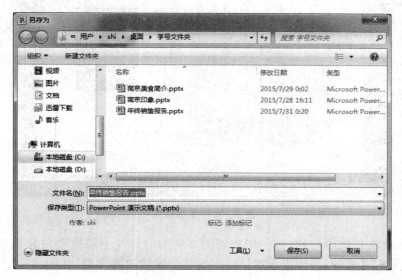

图 5 - 69　保存文件

(2) 如图 5 - 70 所示,在功能区选择"幻灯片放映"选项卡,单击"开始放映幻灯片"组中的"从头开始"按钮![按钮],进入演示文稿的放映视图。

图 5 - 70　从头开始放映幻灯片

(3) 放映到第 2 张幻灯片时,单击鼠标右键,在弹出的快捷菜单中选择"指针选项"/"荧光笔"命令,如图 5 - 71 所示,为幻灯片中的备注文字绘制标注。

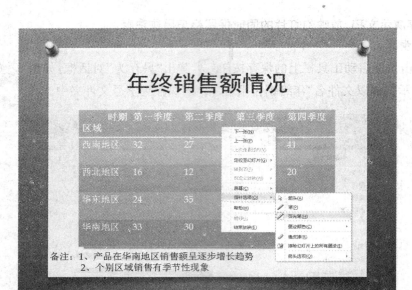

图 5-71 添加标注

（4）继续放映其他幻灯片，并使用相同的方法为幻灯片中的重要内容添加标注，按下【Esc】键退出幻灯片放映，弹出提示对话框询问是否保留墨迹注释，如图 5-72 所示。单击"保留"按钮，将绘制的标注保留在幻灯片中。

图 5-72 "是否保留墨迹注释"对话框

任务 2 编辑"机器人简介"演示文稿

1. 为演示文稿"机器人简介.pptx"应用"都市"主题，删除第 5 张幻灯片中所有元素的动画效果。

◆ **操作步骤**

（1）双击打开"任务二"文件夹中"机器人简介.pptx"文件，在"设计"选项卡的"主题"组中，选择"都市"主题，如图 5-73 所示。

图 5-73 应用主题

（2）选择第 5 张幻灯片，在"动画"选项卡的"高级动画"组中，单击"动画窗格"按钮，在右侧弹出的动画窗格中，单击并删除每一个元素的动画效果，如图 5-74 所示。

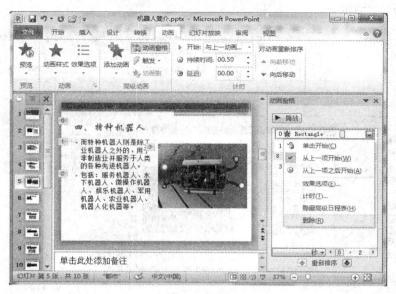

图 5-74　删除动画效果

2. 重新设置第 5 张幻灯片的动画效果，标题的动画效果为"浮入"，方向为"下浮"；图片的动画效果为"轮子"，期间速度为"非常快（0.5 秒）"，同时要求伴有"风铃"声；文本一的动画效果为"劈裂"，方向为"中央向左右展开"，并要求在下一次单击后隐藏该段文本；文本二的动画效果为"随机线条"，方向为"垂直"。要求显示完标题后显示文本一，接着显示图片，最后显示文本二。

◆ **操作步骤**

（1）选择标题"四、特种机器人"，在"动画"选项卡的"动画"组中，选择"浮入"效果，单击"效果选项"按钮，选择方向为"下浮"，如图 5-75 所示。

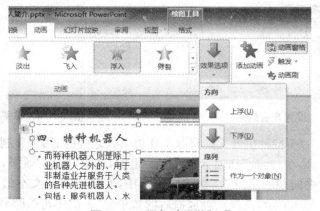

图 5-75　添加动画"浮入"

（2）单击选中图片，在"动画"选项卡的"动画"组中，选择"轮子"效果，在右侧动画窗格的项目列表中，会添加"图片 1"的动画项目，如图 5-76 所示。左键双击"图片 1"的动画项目，弹出"轮子"对话框。

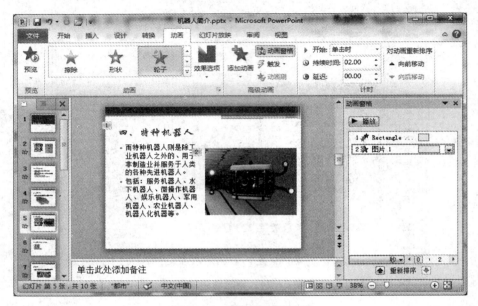

图 5-76　添加动画"轮子"

（3）在"轮子"对话框的"效果"选项卡中，设置动画的声音效果为"风铃"，如图 5-77 所示。在"计时"选项卡中，设置动画的期间速度为"非常快（0.5 秒）"，如图 5-78 所示。单击"确定"按钮。

图 5-77　设置声音效果

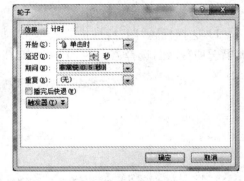

图 5-78　设置播放速度

（4）选择文本一"而特种机器人则是除工业机器人之外的、用于非制造业并服务于人类的各种先进机器人。"，在"动画"选项卡的"动画"组中，选择"劈裂"效果，单击"效果选项"按钮，选择方向为"中央向左右展开"。在动画窗格中，左键双击该文本的动画项目，弹出"劈裂"对话框，如图 5-79 所示，选择动画播放后的效果为"下次单击后隐藏"。

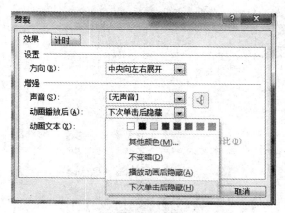

图 5‒79　"劈裂"对话框

　　(5) 选择文本二"包括：服务机器人、水下机器人、微操作机器人、娱乐机器人、军用机器人、农业机器人、机器人化机器等。"，在"动画"选项卡的"动画"组中，选择"随机线条"效果，单击"效果选项"按钮，选择方向为"垂直"。

　　(6) 如图 5‒80 所示，在动画窗格中，单击文本一的动画项目，再单击"重新排序"的向上箭头，将该项目移动到图片动画项目之前。

图 5‒80　重新排列动画

　　3. 设置所有幻灯片的切换效果为"立方体"、持续时间为"0.75 秒"、每隔 3 秒换页、并伴有鼓掌声音。

　　◆ **操作步骤**

　　(1) 在"转换"选项卡上的"切换到此幻灯片"组中，单击"其他"按钮，在弹出的下拉列表中选择"立方体"选项，如图 5‒81 所示。

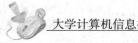

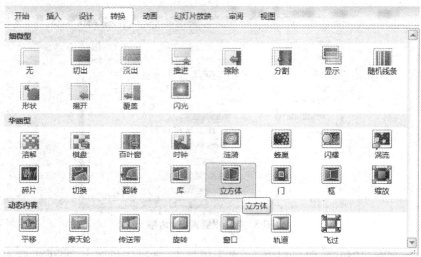

图 5-81　选择切换效果

（2）如图 5-82 所示，在"转换"选项卡上的"计时"组中，设置切换声音为"鼓掌"，设置持续时间为"00.75"，设置自动换片时间为"00：03.00"，最后单击"全部应用"按钮。

图 5-82　"转换"选项卡之"计时"组

4. 将第 6 张幻灯片中的文本分别超级链接至第 7～10 张对应的幻灯片，如"焊接机器人"链接至第 7 张幻灯片。为该幻灯片中的文本"其他工业机器人"创建超链接，指向"其他工业机器人.docx"文档。

◆ **操作步骤**

（1）在第 6 张幻灯片中，选中文本"焊接机器人"，如图 5-83 所示；在"插入"选项卡上的"链接"组中，单击"超链接"按钮🦴，弹出"插入超链接"对话框。

（2）在"编辑超链接"对话框中，单击"链接到"列表中"本文档中的位置"按钮；在"请选择文档中的位置"区域选择幻灯片标题为"焊接机器人"，最后点击"确定"按钮。

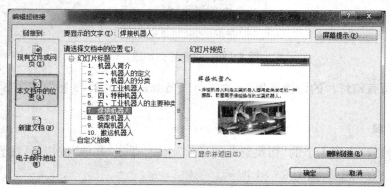

图 5-83　"编辑超链接"对话框

（3）用上面相同的方法，为文本"喷漆机器人""装配机器人"和"搬运机器人"创建超链接。

（4）选中文本"其他工业机器人"；在"插入"选项卡上的"链接"组中，单击"超链接"按钮，弹出"插入超链接"对话框，如图 5 - 84 所示。在对话框中，单击"链接到"列表中"现有文件或网页"按钮；选择"年终销售报告\任务二\其他工业机器人. docx"文件，最后点击"确定"按钮。

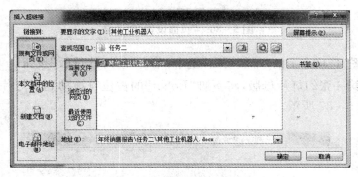

图 5 - 84　链接到 Word 文档

5. 除标题幻灯片外，设置其余幻灯片显示幻灯片编号和页脚"Robot"，要求设置幻灯片起始编号为 0，并将页脚"Robot"显示在幻灯片下方，字号为 16。

◆ 操作步骤

（1）在"插入"选项卡上的"文本"组中，单击"页眉和页脚"按钮，弹出"页眉和页脚"对话框，如图 5 - 85 所示。

（2）在"页眉和页脚"对话框中，选中"幻灯片编号""页脚""标题幻灯片中不显示"三个选项，并将"页脚"栏中输入文字"Robot"，最后点击"全部应用"按钮。

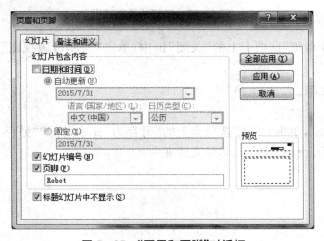

图 5 - 85　"页眉和页脚"对话框

（3）在"设计"选项卡上的"页面设置"组中，单击"页面设置"按钮，弹出"页面设置"

对话框,如图 5－86 所示。在对话框中,设置幻灯片编号起始值为"0",单击"确定"按钮。

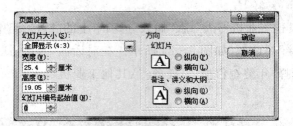

图 5－86　"页面设置"对话框

（4）在"视图"选项卡上的"母版视图"组中,单击"幻灯片母版"按钮 ，切换到幻灯片母版视图,选择第一张幻灯片母版,将页脚"Robot"的占位符拖动到幻灯片下方,并设置其字号为 16,如图 5－87 所示。

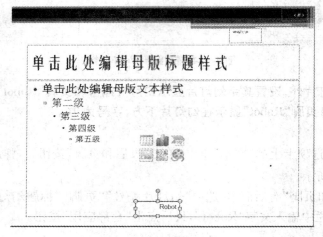

图 5－87　幻灯片母版视图

（5）在"幻灯片母版"选项卡上的"关闭"组中,单击"关闭母版视图"按钮 ，返回普通视图。

6. 保存演示文稿。

◆ **操作步骤**

如图 5－88 所示,单击"文件"选项卡上的"另存为"命令,打开"另存为"对话框,文件以默认名"机器人简介.pptx"保存到学号文件夹中。

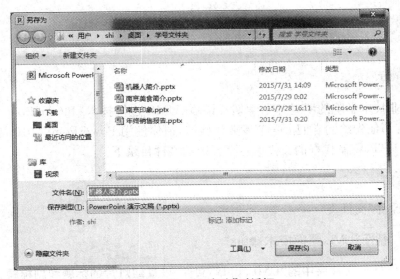

图 5-88　"另存为"对话框

◆ *知识点剖析*

1. 移动/复制幻灯片的两种主要方法

（1）在"幻灯片/大纲"窗格中，鼠标右击幻灯片缩略图，在弹出的快捷菜单中选择"剪切"或"复制"命令，再执行"粘贴"命令。

（2）在"幻灯片/大纲"窗格中，选择幻灯片，按住鼠标左键不放，将其拖动到目标位置释放鼠标，可移动幻灯片。若按住【Ctrl】键的同时拖动鼠标，则可达到复制幻灯片的目的。

2. 文本框与占位符的关系

在 PowerPoint 中，文本框与占位符的使用方法完全一样，不同的是占位符是系统版式自带的，而文本框需要用户自行插入。

同步练习

编辑"案例二"文件夹中的演示文稿文件"英国名校.pptx"。

（1）设置所有幻灯片设计模板为 moban02.pot，幻灯片大小为 35 毫米幻灯片，所有幻灯片切换方式为棋盘；

（2）为第 1 张幻灯片带项目符号的前三行文字创建超链接，分别指向具有相应标题的幻灯片；

（3）在第 2 张幻灯片文字下方插入图片 ucl.jpg，设置图片高度、宽度缩放比例均为 50%，图片动画效果为淡出，持续时间为 1 秒；

（4）在所有幻灯片中插入自动更新的日期和页脚，日期样式为"××××年××月××日"，页脚内容为"英国名校"；

（5）将制作好的演示文稿以文件名："英国名校"，文件类型：演示文稿（*.PPTX）保存到学号文件夹中。

案例三　课　件

案例情境

正德职业技术学院的罗老师下学期要讲授《UML 建模技术》和《Android 开发技术》两门课程，学院请他先给同学们上一节专业体验课，请你使用 PowerPoint 2010 帮他制作这两门体验课的 PPT，将制作好的文件保存至指定的文件目录下。

案例素材

5.3　"课件"文件夹

任务 1　制作"UML 建模技术.pptx"

1. 打开任务一文件夹中的"UML.pptx"文件，设置幻灯片的标题和副标题，更改演示文稿的设计模板为"crayons.pot"。

◆ 操作步骤

（1）双击打开"UML.pptx"文件，在第 1 张幻灯片添加标题"UML 建模技术"和副标题"讲课人：罗老师"。

（2）选择"功能区"中的"设计"选项卡，单击"主题"组中的"其他"按钮 ，在弹出的下拉列表中选择"浏览主题"选项，如图 5-89 所示，弹出"选择主题或主题文档"对话框，如图 5-90 所示。

图 5-89　浏览主题

（3）如图 5-90 所示，在"选择主题或主题文档"对话框中选择设计模板 Crayons.pot，单击"应用"按钮。

图 5 - 90　"选择主题或主题文档"对话框

2. 更改强调文字颜色 1 为 RGB＝{255,0,0}，超链接的颜色为 RGB＝{0,112,192}，已访问超链接的颜色为 RGB＝{0,176,240}。

◆ 操作步骤

（1）选择"功能区"中的"设计"选项卡，单击"主题"组中的"颜色"按钮（■ 颜色 ▼），在弹出的下拉列表中选择"新建主题颜色"选项，如图 5 - 91 所示，弹出"新建主题颜色"对话框。

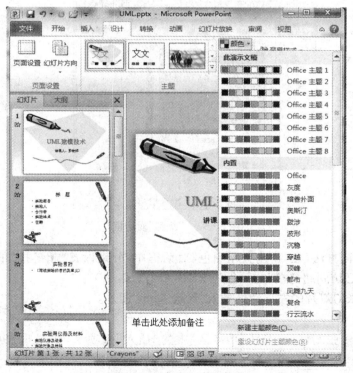

图 5 - 91　自定义主题颜色

（2）如图 5－92 所示，在"新建主题颜色"对话框中，在强调文字颜色 1 的下拉列表中，选择其他颜色，弹出"颜色"对话框。如图 5－93 所示，在"自定义"选项卡中，设置红色：255、绿色：0、蓝色：0。

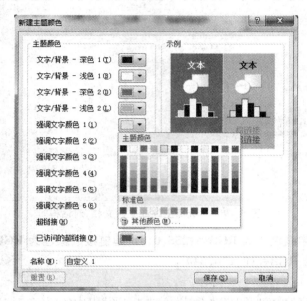

图 5－92　"新建主题颜色"对话框

图 5－93　"颜色"对话框

（3）使用相同方法，在"新建主题颜色"对话框中，分别设置"超链接"的颜色为 RGB＝{0，112，192}，"已访问超链接"的颜色为 RGB＝{0，176，240}。

3. 在第 1 张幻灯片的左下角处插入"易趣. bmp"图片。

◆ **操作步骤**

（1）选择第 1 张幻灯片，选择"功能区"中的"插入"选项卡，如图 5－94 所示，单击"图像"组中的"图片"按钮，弹出"插入图片"对话框。

图 5 - 94 插入图片

（2）如图 5 - 95 所示，在"插入图片"对话框中，选择图片"易趣. bmp"，单击"插入"按钮，将图片移动至幻灯片左下角。

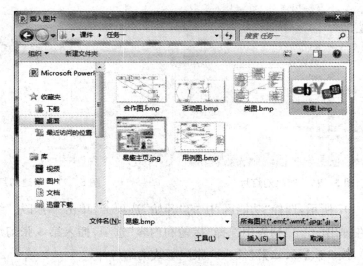

图 5 - 95 "插入图片"对话框

4. 删除第 3 张以后的所有幻灯片（包括第 3 张），重新依次插入 4 张版式为"标题和内容"的幻灯片、4 张版式为"仅标题"的幻灯片和 1 张"空白"版式的幻灯片；给第 3~10 张幻灯片添加标题和内容。

◆ 操作步骤

（1）如图 5 - 96 所示，在"幻灯片/大纲"窗格中，通过【Shift】键选中第 3~12 张幻灯片，右击弹出快捷菜单，选择"删除幻灯片"命令。

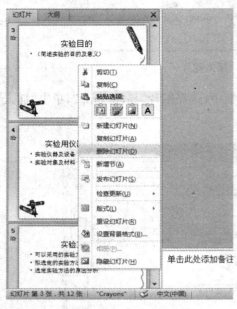

图 5-96 删除幻灯片

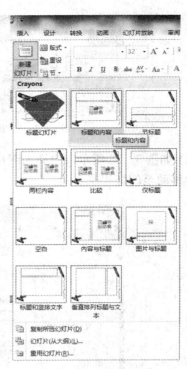

图 5-97 新建幻灯片

（2）如图 5-97 所示，选择"功能区"中的"开始"选项卡，单击"幻灯片"组中的"新建幻灯片"按钮 ，在弹出的下拉列表中选择"标题和内容"选项，插入第 3 张幻灯片。在"幻灯片/大纲"窗格中，按 3 次【Enter】键插入 3 张同版式的幻灯片。

（3）使用相同的方法，插入 4 张"仅标题"版式的幻灯片和 1 张"空白"版式的幻灯片。

（4）打开"任务一文件夹"中的"UML 面向对象分析与设计.txt"文件，将文件中的标题和文本依次复制添加到第 3～10 张幻灯片，如图 5-98 所示。

UML目标

· 用面向对象的思想来描述任何类型的系统
· 用UML来描述ebay这一个网上购物系统

图 5-98 添加标题和文本

（5）在第 7～10 张幻灯片中依次插入"任务一文件夹"中对应标题的图片，调整图片的大小,使得标题和图片均能全部显示,如图 5‑99 所示。

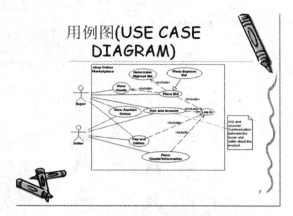

图 5‑99　添加标题和图片

5. 将在第 7～10 张幻灯片中插入的图片动画均设置为"缩放",消失点为"对象中心"。

◆ 操作步骤

(1) 选择在第 7 张幻灯片中插入的图片,在"动画"选项卡的"动画"组中,选择"缩放"效果,单击"效果选项"按钮,选择方向为"对象中心",如图 5‑100 所示。

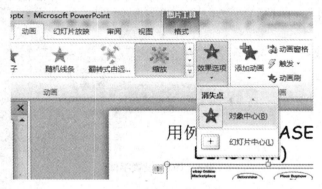

图 5‑100　添加动画"缩放"

(2) 单击选中第 7 张幻灯片中的图片,双击"动画刷"按钮 ,鼠标箭头旁出现小刷子,再分别单击第 8、9、10 张幻灯片中的图片,将"缩放"的动画效果复制给这三张图片。

6. 在最后一张幻灯片中插入艺术字"Thank you!",艺术字样式为第 1 列第 4 行,字体为 Arial,字号为 66。

◆ 操作步骤

(1) 选择第 11 张幻灯片,在"插入"选项卡上的"文本"组中,单击"艺术字"按钮,如图 5‑101 所示,在弹出的艺术字样式列表中,选择第 4 行第 1 列的式样。

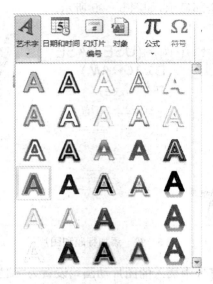

图 5 - 101　艺术字样式

（2）在生成的文本框中添加文字"Thank you!"，如图 5 - 102 所示，鼠标选择文本，在右击弹出的快捷菜单中，选择"字体"，弹出"字体"对话框。在对话框中，设置西文字体为 Arial，大小 66，如图 5 - 103 所示，单击"确定"按钮。

图 5 - 102　设置字体

图 5 - 103　"字体"对话框

7. 设置所有幻灯片的切换效果为棋盘，换片方式为每隔 **10** 秒换页，换片声音为照相机。

◆ **操作步骤**

（1）在"转换"选项卡上的"切换到此幻灯片"组中，选择"棋盘"切换效果，如图 5－104 所示。

图 5－104　选择切换效果

（2）如图 5－105 所示，在"转换"选项卡上的"计时"组中，设置切换声音为"照相机"，设置自动换片时间为"00：10.00"，最后单击"全部应用"按钮。

图 5－105　"转换"选项卡之"计时"组

8. 在第 **3** 张幻灯片之后插入一张新的幻灯片，版式为空白，并插入"易趣主页. **jpg**"图片，使图片填充整张幻灯片；设置新幻灯片切换效果为菱形展开。

◆ **操作步骤**

（1）在"幻灯片/大纲"窗格中，单击选择第 3 张幻灯片，按【Enter】键插入一张新的幻灯片，在新幻灯片上右击弹出快捷菜单，选择"版式"选项，更改版式为"空白"，如图 5－106 所示。

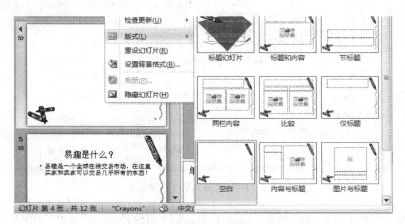

图 5－106　更改版式为"空白"

（2）在新幻灯片上右击弹出快捷菜单，选择"设置背景格式"选项，弹出"设置背景格式"对话框，如图5－107所示，选择"图片或纹理填充"和"隐藏背景图形"两个选项，单击"文件"按钮，弹出"插入图片"对话框。

图5－107　"设置背景格式"对话框

（3）如图5－108所示，在"插入图片"对话框中，选择任务一文件夹中的图片"易趣主页.jpg"，单击"插入"按钮。

图5－108　"插入图片"对话框

（4）如图5－109所示，在"转换"选项卡中，选择切换效果为"形状"，单击"效果选项"，在下拉列表中选择"菱形"选项。

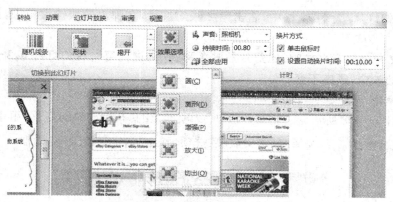

图 5－109　设置切换效果为"菱形"

9. 设置幻灯片的起始编号为 0,且标题幻灯片中不显示编号,自定义幻灯片大小为:宽 26 厘米、高 18 厘米,隐藏编号为 1(第 2 张)的幻灯片。

◆ **操作步骤**

(1) 在"插入"选项卡上的"文本"组中,单击"页眉和页脚"按钮,弹出"页眉和页脚"对话框,如图 5－110 所示。

(2) 在"页眉和页脚"对话框中,选中"幻灯片编号"和"标题幻灯片中不显示"两个选项,点击"全部应用"按钮。

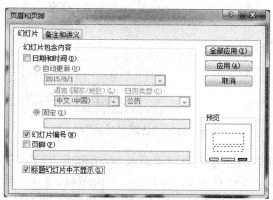

图 5－110　"页眉和页脚"对话框

(3) 在"设计"选项卡上的"页面设置"组中,单击"页面设置"按钮,弹出"页面设置"对话框,如图 5－111 所示。在对话框中,设置幻灯片编号起始值为"0",自定义幻灯片大小为:宽 26 厘米、高 18 厘米,单击"确定"按钮。

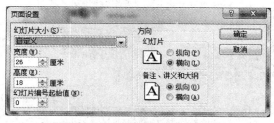

图 5－111　"页面设置"对话框

（4）在"幻灯片/大纲"窗格中，右击第2张幻灯片，在弹出的快捷菜单中，选择"隐藏幻灯片"选项。

10. 定义一个自定义放映，幻灯片放映名称为"讲课内容"，将幻灯片 0，2～4，7～11 添加到自定义放映中，顺序不变。

◆ 操作步骤

（1）如图5-112所示，在"幻灯片放映"选项卡上的"开始放映幻灯片"组中，单击"自定义幻灯片放映"按钮，选择"自定义放映"选项，弹出"自定义放映"对话框。

图5-112　自定义幻灯片放映

（2）如图5-113所示，在"自定义放映"对话框中，点击"新建"按钮，弹出"定义自定义放映"对话框。

图5-113　"自定义放映"对话框

（3）如图5-114所示，在"定义自定义放映"对话框中，设置幻灯片放映名称为"讲课内容"，在左边的列表框中选择编号为0，2～4，7～11的项目，单击"添加"按钮，添加到右侧的列表框中。单击"确定"按钮退出"定义自定义放映"对话框，再单击"关闭"按钮退出"自定义放映"对话框。

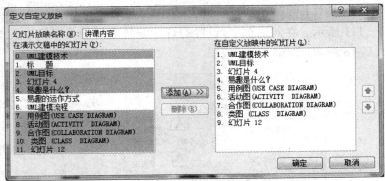

图5-114　"定义自定义放映"对话框

11. 设置放映幻灯片时,只放映自定义放映"讲课内容",其他设置默认。

◆ **操作步骤**

（1）如图 5 - 115 所示,在"幻灯片放映"选项卡上的"设置"组中,单击"设置幻灯片放映"按钮,弹出"设置放映方式"对话框。

图 5 - 115　设置幻灯片放映方式

（2）如图 5 - 116 所示,在"设置放映方式"对话框的放映幻灯片区域,选择"自定义放映"选项,并在下拉列表中选择"讲课内容"。

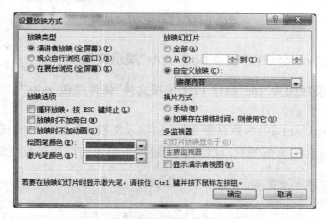

图 5 - 116　"设置放映方式"对话框

12. 将编辑完的演示文稿以文件名"UML 建模技术. pptx",保存类型为"演示文稿"保存到学号文件夹中。

◆ **操作步骤**

如图 5 - 117 所示,单击"文件"选项卡上的"另存为"命令,打开"另存为"对话框,文件以文件名"UML 建模技术. pptx"保存到学号文件夹中。

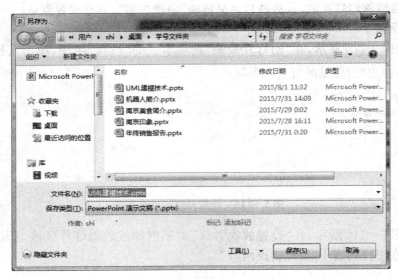

图 5 - 117　"另存为"对话框

任务 2　编辑"android 程序基本构成. pptx"演示文稿

1. 利用图片"模板图片. jpg"制作 PPT 模板文件"课件模板. potx"。

◆ 操作步骤

（1）启动 PowerPoint 2010，默认新建"空白演示文稿 1"，如图 5 - 118 所示，在"视图"选项卡的"母版视图"组中，单击"幻灯片母版"按钮，进入幻灯片母版视图。

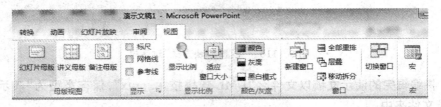

图 5 - 118　进入母版视图

（2）如图 5 - 119 所示，在母版视图中，右击第 1 张幻灯片母版，在弹出的快捷菜单中，选择"设置背景格式"选项，弹出"设置背景格式"对话框。

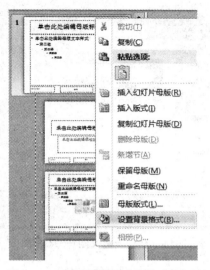

图 5－119　选择"设置背景格式"选项

（3）如图 5－120 所示，"设置背景格式"对话框中，选择"图片或纹理填充"选项，单击"文件"按钮，弹出"插入图片"对话框。

图 5－120　"设置背景格式"对话框

（4）如图 5－121 所示，在"插入图片"对话框中，选择"任务二文件夹"中"模板图片.jpg"文件，单击"插入"按钮。关闭"设置背景格式"对话框，关闭母版视图，返回普通视图。

图 5 - 121 "插入图片"对话框

（5）单击快速启动工具栏上的保存按钮![保存]，弹出"另存为"对话框，如图 5 - 122 所示，将制作好的模板以文件名"课件模板"、保存类型"PowerPoint 模板"保存到学号文件夹中。

图 5 - 122 "另存为"对话框

2. 打开演示文稿"android 程序基本构成. pptx"，为所有幻灯片应用自制模板"课件模板. potx"，自定义主题字体：中文标题为华文琥珀，正文中文为华文楷体。

◆ 操作步骤

（1）双击打开任务二文件夹中的演示文稿文件"android 程序基本构成. pptx"。

（2）选择"功能区"中的"设计"选项卡，单击"主题"组中的"其他"按钮![下拉]，在弹出的下拉列表中选择"浏览主题"选项，如图 5 - 89 所示，弹出"选择主题或主题文档"对话框。

（3）如图 5 - 123 所示，在"选择主题或主题文档"对话框中选择学号文件夹中 PPT 模板"课件模板. potx"，单击"应用"按钮，将模板应用于所有幻灯片。

图 5 - 123 "选择主题或主题文档"对话框

（4）选择"设计"选项卡"主题"组中的"字体"按钮（文字体 ▾），在弹出的下拉列表中选择"新建主题字体"选项，如图 5 - 124 所示，弹出"新建主题字体"对话框。

图 5 - 124 自定义主题字体

（5）如图 5 - 125 所示，在"新建主题字体"对话框中，设置中文标题字体为"华文琥珀"，中文正文字体为"华文楷体"。单击"保存"按钮。

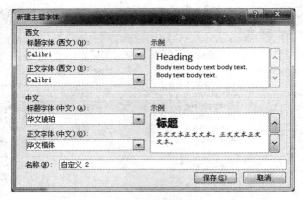

图 5 - 125　"新建主题字体"对话框

3. 在第 16 张幻灯片前,插入一张包含 SmartArt 图形的新幻灯片,为 SmartArt 图形创建超链接指向相关幻灯片,为新幻灯片添加备注。

◆ 操作步骤

(1) 在"幻灯片/大纲"窗格中,单击选中第 15 张幻灯片,按下【Enter】键插入一张新幻灯片,如图 5 - 126 所示,给新幻灯片添加标题"Android 四大组件",单击占位符中的"插入 SmartArt 图形"按钮,弹出"选择 SmartArt 图形"对话框。

图 5 - 126　编辑新幻灯片

(2) 如图 5 - 127 所示,在"选择 SmartArt 图形"对话框中,选择"网格矩阵"图形,单击"确定"按钮。

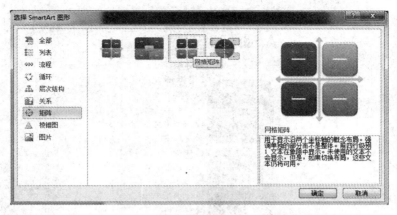

图 5 – 127　"选择 SmartArt 图形"对话框

（3）如图 5 – 128 所示，在生成的 SmartArt 图形中，为四个图形分支分别添加文本"活动（Activity）""服务（Service）""广播接收者（Broadcast receivers）""内容提供者（Content providers）"。

图 5 – 128　添加文本

（4）如图 5 – 129 所示，右击每个图形分支的边缘，在弹出的快捷菜单中选择"超链接"选项，弹出"插入超链接"对话框。

图 5－129　为图形创建超链接

(5) 如图 5－130 所示,在"插入超链接"对话框中,选择本文档中与图形文字同名的幻灯片,单击"确定"按钮。

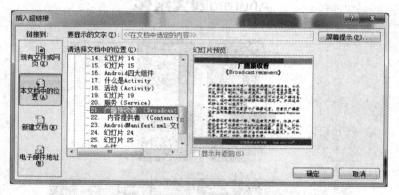

图 5－130　"插入超链接"对话框

(6) 如图 5－131 所示,在幻灯片编辑窗口下方的"备注"窗格中,添加备注文本"Android 四大基本组件分别是 Activity, Service 服务, ContentProvider 内容提供者, BroadcastReceiver 广播接收器。"

图 5 - 131　添加备注

4. 除标题幻灯片以外,给其余所有幻灯片左上角添加 Android 图标,设置图片大小缩放 30%,删除图片背景。

◆ **操作步骤**

(1) 单击"视图"选项卡的"幻灯片母版"按钮,进入幻灯片母版视图,如图 5 - 132 所示,在左侧窗格中,单击选中"标题和内容"版式。

图 5 - 132　幻灯片母版视图

(2) 单击"插入"选项卡的"图片"按钮,弹出"插入图片"对话框,如图 5 - 133 所示,选择插入任务二文件夹中的图片"android 图标. jpg",单击"插入"按钮。

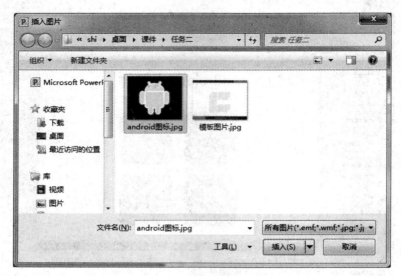

图 5 - 133 "插入图片"对话框

（3）在插入的图片上右击弹出快捷菜单,选择"大小和位置"选项,弹出"设置图片格式"对话框,如图 5 - 134 所示。在对话框中,设置图片高度和宽度的缩放比例均为 30%,单击"关闭"按钮。

图 5 - 134 "设置图片格式"对话框

（4）如图 5 - 135 所示,将图片移至幻灯片左上角,在"格式"选项卡"调整"组中,单击"删除背景"按钮 。

图 5－135　删除图片背景

（5）如图 5－136 所示，在"格式"选项卡"关闭"组中，单击"保留更改"按钮 ✔。

图 5－136　保留更改

（6）如图 5－137 所示，将"标题和内容"版式中生成的图片复制粘贴到"标题和表格"版式中，置于左上角。

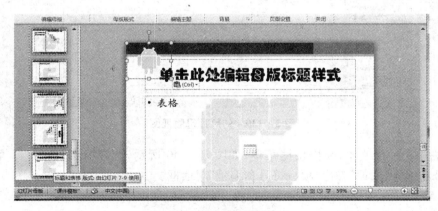

图 5－137　复制图片

（7）如图 5－138 所示，在"视图"选项卡"演示文稿视图"组中，单击"普通视图"按钮 ，退出母版视图，返回普通视图。

303

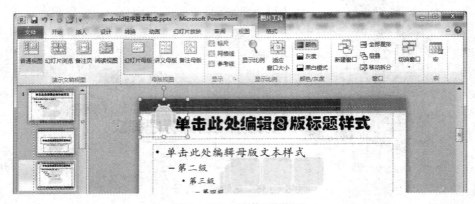

图5-138 退出母版视图

5. 修改母版文本第一级的项目符号和编号为"✎",大小为文字大小的**85%**,颜色为蓝色。

◆ **操作步骤**

(1) 单击"视图"选项卡的"幻灯片母版"按钮,进入幻灯片母版视图,如图5-139所示。在左侧窗格中,单击选中第1张幻灯片母版,在右侧编辑窗格中,鼠标选中第一级文本。

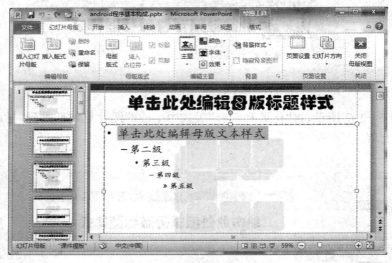

图5-139 幻灯片母版视图

(2) 右击第一级文本,弹出快捷菜单,如图5-140所示,选择"项目符号"子菜单中的"项目符号和编号"选项,弹出"项目符号和编号"对话框。

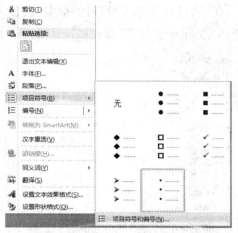

图 5 - 140 选择"项目符号和编号"

（3）如图 5 - 141 所示，单击"项目符号和编号"对话框的"自定义"按钮，弹出"符号"对话框。

图 5 - 141 "项目符号和编号"对话框

（4）如图 5 - 142 所示，在"符号"对话框中，选择字体 Wingdings，选定符号"✎"，单击"确定"按钮，返回"项目符号和编号"对话框。

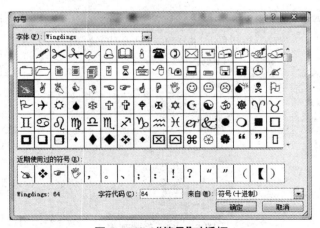

图 5 - 142 "符号"对话框

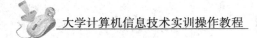

（5）如图5－143所示，在"项目符号和编号"对话框中，设置大小为85％字高，颜色为蓝色，单击"确定"按钮。再单击"关闭母版视图"按钮[X]，返回普通视图。

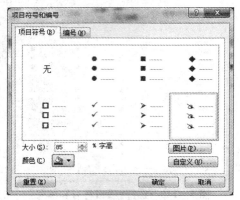

图5－143　设置项目符号和编号的大小和颜色

6. 在所有的幻灯片的右下角添加"结束"动作按钮，超链接到"结束放映"，设置其大小为：高度1.5厘米，宽度1.5厘米。

◆ **操作步骤**

（1）单击"视图"选项卡的"幻灯片母版"按钮，进入幻灯片母版视图，在左侧窗格中，单击选中第1张幻灯片母版。

（2）单击"插入"选项卡的"形状"按钮，如图5－144所示，在下拉列表的最底部选择"动作按钮：结束"。在幻灯片右下角拖动生成按钮的同时，弹出"动作设置"对话框。

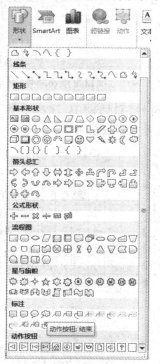

图5－144　形状列表

（3）如图 5－145 所示，在"动作设置"对话框中，选择超链接到"结束放映"。

图 5－145　"动作设置"对话框

（4）如图 5－146 所示，选中动作按钮，在"格式"选项卡的"大小"组中，设置大小为：高度 1.5 厘米，宽度 1.5 厘米。单击"关闭母版视图"按钮  ，返回普通视图。

图 5－146　设置按钮大小

7. 设置演示文稿只放映 2～16 张幻灯片，并修改绘图笔的默认颜色为蓝色。

◆ **操作步骤**

在"幻灯片放映"选项卡上的"设置"组中，单击"设置幻灯片放映"按钮 ，弹出"设置放映方式"对话框，如图 5－147 所示。在放映幻灯片区域，设置从 2 到 16，设置绘图笔颜色为蓝色。单击"确定"按钮。

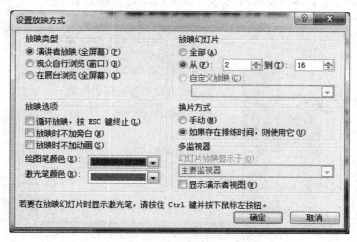

图 5－147　"设置放映方式"对话框

8. 保存演示文稿。

◆ **操作步骤**

　　如图 5 - 148 所示，单击"文件"选项卡上的"另存为"命令，打开"另存为"对话框，文件以默认名"android 程序基本构成. pptx"保存到学号文件夹中。

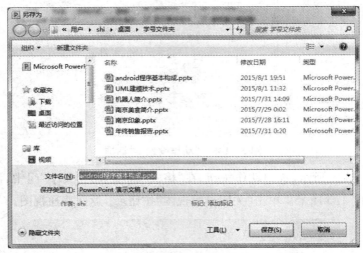

图 5 - 148　"另存为"对话框

◆ **知识点剖析**

1. 幻灯片母版概述

　　（1）幻灯片母版是幻灯片层次结构中的顶层幻灯片，用于存储有关演示文稿的主题和幻灯片版式（版式：幻灯片上标题和副标题文本、列表、图片、表格、图表、自选图形和视频等元素的排列方式）的信息，包括背景、颜色、字体、效果、占位符大小和位置。

　　（2）每个演示文稿至少包含一个幻灯片母版，你也可以插入多个母版。修改和使用幻灯片母版的主要优点是你可以对演示文稿中的每张幻灯片进行统一的样式更改。

　　（3）幻灯片母版的结构如图 5 - 149 所示，在"幻灯片母版"视图中，第 1 部分是幻灯片母版，第 2 部分是与它上面的幻灯片母版相关联的幻灯片版式。

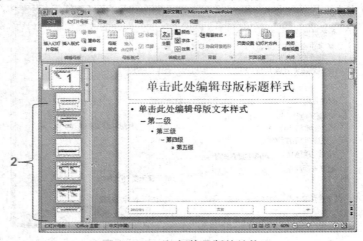

图 5 - 149　幻灯片母版的结构

2. 模板与主题的关系

（1）主题是主题颜色、主题字体和主题效果三者的组合。主题可以作为一套独立的选择方案应用于文件中。使用主题可以简化专业设计师水准的演示文稿的创建过程，不仅可以在 PowerPoint 中使用主题颜色、字体和效果，而且还可以在 Excel、Word 和 Outlook 中使用它们，这样你的演示文稿、文档、工作表和电子邮件就可以具有统一的风格。

（2）PowerPoint 模板是你另存为 .potx 文件的一张幻灯片或一组幻灯片的图案或蓝图。模板可以包含版式、主题颜色、主题字体、主题效果和背景样式，甚至还可以包含内容。

同步练习

编辑"案例三"文件夹中的演示文稿文件"苏轼诗词. pptx"。

（1）设置所有幻灯片背景图片为 back. jpg，除标题幻灯片外，为其他幻灯片添加编号；

（2）在第 1 张幻灯片文字下方插入图片 su2. jpg，设置图片的动画效果为向左弯曲的动作路径，持续时间为 3 秒；

（3）将文件 memo. txt 中的内容作为最后一张幻灯片的备注，并利用幻灯片母版，设置所有幻灯片标题字体格式为隶书、48 号字；

（4）在最后一张幻灯片左下角插入"自定义"动作按钮，并在其中添加文字"更多内容"，单击该按钮超链接指向网址 http://www. shicimingju. com；

（5）将制作好的演示文稿以文件名："苏轼诗词"，文件类型：演示文稿（＊. PPTX）保存到学号文件夹中。